東京安全研究所・都市の安全と環境シリーズ

9

監修
伊藤 滋

著
関口太一
小野道生

仮設市街地整備論

避難生活に日常を取り戻す

早稲田大学出版部

はじめに —東京都心の高度防災に向けて

　2011年3月11日、東日本大震災が発生し、東京は、鉄道ターミナル駅周辺に膨大な滞留者が溢れかえり、郊外へと向かう幹線道路上に大量の帰宅困難者が列をなすといった現象を初めて体験しました。地元自治体を中心として準備されていた住民を対象とした防災対策では、このような状況について十分に視野に入っていませんでした。われわれはそのことをまさに身をもって痛感したと言えるでしょう。日中の東京には、首都圏各地から働きにくるオフィスワーカー、外国人も含めて世界中から訪れる観光客や買い物客など、大勢の人であふれかえっています。この膨大な昼間人口に対応した防災の考え方を持つことが重要です。

　また東京は、国際ビジネスを中心として世界を舞台とした激烈な都市間競争を戦っています。日本は、地震をはじめとするさまざまな自然災害の脅威にさらされる宿命を負っていますが、しのぎを削る国際ビジネスの世界では、そのような事情は一顧だにされません。災害に見舞われようとも、東京の国際的な業務機能を継続することは、東京の、ひいては日本の大命題です。

　国際都市・東京の防災という観点からは、いかなる災害が生じても国際的な業務機能の継続性が確保できること、世界中から訪れる膨大な昼間人口を想定した防災対策を講じること、これらの対策を支えるための冗長性あるインフラの仕組みを用意することなどが重要となってきます。また、これらの防災の取組は、行政に任せるだけでは実現は困難です。むしろ、民間の力とノウハウを活用しながら進めていくことが基本となるでしょう。

　一方で東京は、このような国際ビジネス中枢拠点としての特性を持つのと同時に、膨大な居住人口を抱える住宅都市でもあります。2019年7月1日現在、

23区に960万人を超える人々が暮らしています（東京都による推計人口）。しかも、すでに人口減少の局面を迎えたわが国にあって、今後も人口は増加を続け、2025年には1,000万人を超えてくるとの予測もあるほどです（森記念財団都市整備研究所資料）。いざ、首都直下地震が起きれば、この膨大な居住人口が被災者となります。市街地の物的な被害を軽減し、震災後の生活の場を確保するためにも、木造密集市街地の解消などの対策を積み重ねていくことは極めて重要ですが、どのように対策したとしても少なからぬ人々が避難所に身を寄せ、応急仮設住宅に当座の住まいを求めることは避けられません。すでに稠密な土地利用が進んでいる東京において、仮設住宅や仮設店舗をいかに適切に用意し、そこでの被災者の避難生活を少しでも快適なものとしていけるかということを考えるべきです。

　このような認識のもと、本書では、災害発生時の都心市街地の混乱を回避し、駅周辺の滞留者や帰宅困難者の安全・安心な一時避難を支援するような、昼間人口に対応した防災拠点となる「防災見附」について検討するとともに、被災者がより快適な避難生活を送れるような、大規模公園等を活用した「仮設市街地」について検討しています。さらに、平時から活用でき、災害時には被災者支援に役立つ形に変形転用できる木材可変防災施設についても触れています。本書で示す考え方や提案が、東京をより安全で魅力ある都市へとしていくための一助となれば幸いです。

　　　　　　　　　　　　　　　　　　　　　　　　　　　　　伊藤　滋

目次

はじめに―東京都心の高度防災に向けて ……………… 002

1章　東京都心部における防災の考え方

1-1　防災面から見た東京都心の特徴 ……………… 008
1-2　東京の防災に関する基本スタンス ……………… 016

2章　東京都心部における避難拠点

2-1　避難拠点の役割 ……………… 028
2-2　避難拠点の配置の考え方 ……………… 033
2-3　避難拠点（防災見附）のイメージ ……………… 038

3章 東京区部における仮設市街地

- 3-1　仮設市街地の定義 ……… 048
- 3-2　過去の震災における仮設市街地 ……… 055
- 3-3　仮設市街地のケーススタディ ……… 075

4章 平時と災害時をつなぐ木造可変防災施設

- 4-1　木造可変防災施設の意義 ……… 112
- 4-2　ウッドトランスフォームシステムコンペティションの実施 ……… 120

1章

東京都心部における防災の考え方

1-1　防災面から見た東京都心の特徴

1　防災から見た東京都心の特徴

　大地震のような災害に強い市街地を形成するためには、市街地の耐震・耐火性能の向上、避難場所・避難路の確保など、広く共通して取り組むべき防災の課題があります。東京都心部では、そのような一般的な事柄に加えて、都心の持つ機能や特性に応じた特別な防災的な対応が求められます。防災の観点から東京都心の特徴を捉えると、以下のような点が指摘できます。

（1）中枢機能の高度集積

　東京都心部には、わが国の政治・行政の中枢機能をはじめ、証券取引や国際金融、国際ビジネス、データセンターなども含む、さまざまな国際的な中枢業務機能などが密度高く集積しています。例えば、都心の代表的なビジネス地区であるいわゆる大丸有地区（大手町・丸の内・有楽町地区）は、上場企業本社107社を擁しており、その売上は約121兆円で日本の総売上の1割近くを占めています（表1-1）。

　これらの中枢機能のわが国あるいは世界経済に対する重要性を考えれば、大きな災害が発生した時に、建物や従業者の安全を確保するにとどまらず、事業そのものの業務継続を確保することが極めて重要です。個々の施設や事業者の努力に加え、東京都心の都市構造としても、そのような災害に対するレジリエンスを高めることが必要です。

表1-1　大丸有地区における中枢機能の集積[1]

項目	大丸有地区
区域面積	約120ha
就業人口	約28万人
鉄道網	28路線13駅
駅乗車人数	約117万人/日
事業所数	約4,300事業所
上場企業本社数	107社/2,550社
上場企業の売上高	約121兆8,929億円 （日本の総売上の約8.9％）
フォーチュンTOP500	16社

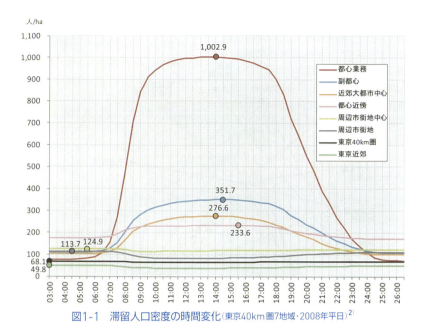

図1-1　滞留人口密度の時間変化(東京40km圏7地域・2008年平日)[2]

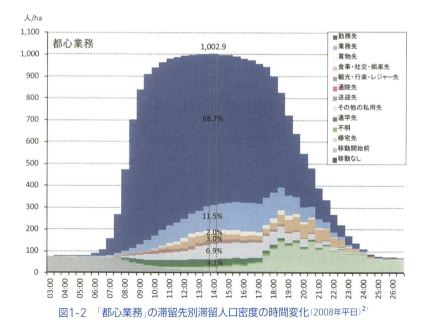

図1-2　「都心業務」の滞留先別滞留人口密度の時間変化(2008年平日)[2]

1章　東京都心部における防災の考え方

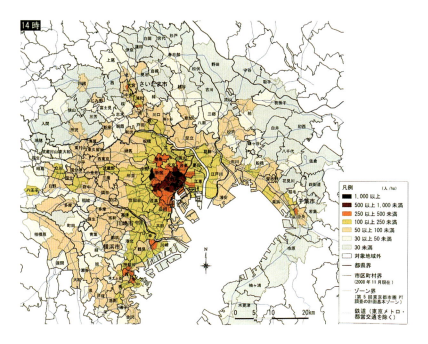

図1-3　14時の滞留人口密度(東京40km圏ゾーン・2008年平日)[2]

(2) 膨大な昼間人口の存在

　東京都心が中枢業務の集積地であることとも関連しますが、東京都心には膨大な昼間人口が存在しています。パーソントリップ調査を基に、東京40km圏における人口の分布を1日の時間を追って概観すると、日中、東京都心部(都心業務地区:丸の内・大手町・有楽町・霞ヶ関・秋葉原〜神保町・日本橋本町〜浜町・八重洲・日本橋・京橋・銀座・茅場町〜築地・新橋〜六本木)に極めて密度高く人口が集中していることがわかります(図1-1〜1-3)。東日本大震災がまさにそうでしたが、昼間の時間帯に発災した場合は、この膨大な昼間人口が被災者となるわけです。自治体の持つ地域防災計画は、主として住民を対象とした発災時対応を規定しています。都心区(千代田区・中央区・港区など)も、これらの膨大な昼間人口への対応を念頭に置いた計画や遂行体系を用意できていません。昼間人口への防災対応という観点からは、平時の経済活動と表裏一体となった民間主導の防災対策を講じる必要があるでしょう。

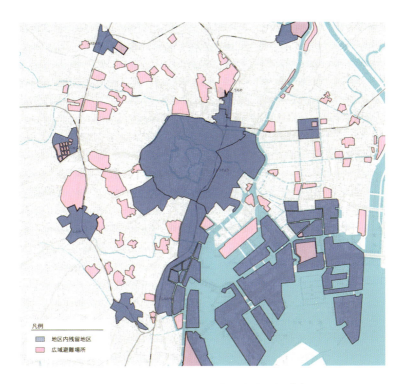

図1-4　地区内残留地区と広域避難場所の分布

(3) 不燃化の進展

　わが国は、歴史的に木造建物を基調とする市街地が広く分布しています。そのため、関東大震災をはじめ過去に多くの市街地大火に見舞われてきました。そういった経験から、わが国の震災時の避難の基本的な考え方は、市街地大火のおそれがある場合、近所の一時避難場所に集合の上、危険の度合いに応じて広域避難場所へと避難することになっています。一方、不燃建築物の増加や空地の確保などにより、市街地大火のおそれが少ないと判断されるエリアは「地区内残留地区」と指定され、発災時にも無理に広域避難を行わず、その場にとどまることを基本としています。図1-4に、都心および都心周辺市街地における地区内残留地区と広域避難場所の分布を示します。

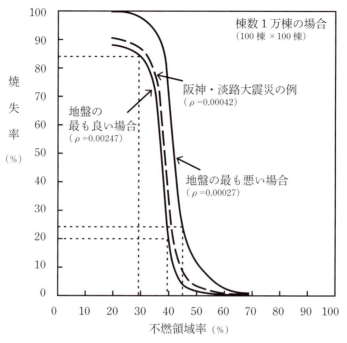

図1-5　不燃領域率と焼失率の関係[3]

　不燃領域率は、市街地の延焼性状を評価する指標で、空地率と不燃化率で構成されます。不燃領域率と市街地の延焼性状（焼失率）との関係を、図1-5で示します。一般に、不燃領域率が70％を超えると市街地大火の危険性はほぼゼロになるとされています。

　東京都区部の町丁目別不燃領域率を図示してみると、外周区（特に山手線の西側）には不燃領域率の低い町丁目が分布しているのに対し、都心部から臨海部にかけて不燃領域率90％以上のエリアが広がっています（図1-6）。延焼の危険性がほぼゼロとなる不燃領域率70％以上のエリアと合わせると、都心部の延焼危険性は相当程度に低いと考えられます。

　すなわち、都心部では、その場にとどまることを基本としながら、都心の外側に分布する延焼危険性の高い市街地との関係を考慮した防災対策が求められると言えるでしょう。

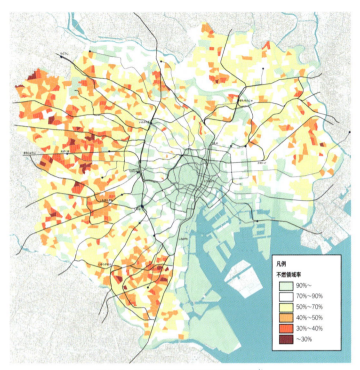

図1-6　都区部の不燃領域率の分布[4]

2　エリア防災の必要性
東京都心の防災面での特徴

　東京都心部は、グローバル・ビジネスの拠点として、災害発生時にも市街地の混乱を最小限に抑え、都心機能の業務継続を図る必要があります。また、従業者、観光客、買い物客、遠方からの出張者、さまざまな私事行動者など、夜間人口（居住者）よりもはるかに膨大な量となる昼間人口・滞留者を対象とした防災対策を行える必要もあります。さらに、その中にはさまざまな国籍・母国語を持つ外国人が多数含まれているでしょう。これらへの対応が求められているのが、他都市には見られない東京都心のきわだった特徴だと言えます。多様な性格を持つ昼間人口を主たる対象として、駅周辺や業務地区など多くの人や活動が集積する地区のエリア防災を確立する必要があるのです。

東日本大震災の教訓

　東日本大震災を受け、東京都心をはじめとするわが国の経済活動などの中心である大都市などの、人口・機能集積エリアの防災対策の強化を行う必要性が認識されました。国は、防災に関連する専門家による防災WGを設置し、こうした人口・機能集積エリアにおいて、エリア全体の視点から推進すべき防災対策（エリア防災）の強化に関する検討を行い、2011年12月に「人口・機能集積エリアにおけるエリア防災のあり方　とりまとめ」を公表しました。これを踏まえ、都市再生特別措置法の枠組みにおいて、「都市再生安全確保計画」制度が創設されています。

　この「とりまとめ」に、エリア防災の意義・必要性が簡潔に整理されていますので、以下に抜粋を示しておきます[5]。

エリア防災の意義・必要性

（人口・機能集積エリアの特性）
- 大都市のターミナル駅周辺をはじめとする人口・機能集積エリアは、高層建築物、鉄道施設、地下街等が水平的かつ垂直的に複雑に連結・近接する空間に、当該エリアに居住地や就業地を持たない多数の来街者も含め、多くの人口が集中するとともに、業務機能、商業機能等が集積し、我が国経済を牽引する都市の国際競争拠点となっている。
- こうしたエリアは、地震等の大規模災害が発生した場合、多数の死傷者の発生、特定の場所への退避者の集中による将棋倒し等のパニックの発生、大量の滞留者・帰宅困難者の発生等の甚大な人的被害等が生じるリスクを抱えている。
- さらに、こうした人的被害等に加えて、建築物や各種施設等（以下「建築物等」という。）の損壊、ライフライン関連施設の破損等の物的被害が発生することに伴い、立地企業等の事業の継続が困難となることを通じて、都市の国際競争拠点としての機能が大きく損なわれ、我が国経済に多大な影響をもたらすリスクを抱えている。

（東日本大震災の教訓）
- 先の東日本大震災においては、管理者の異なる様々な建築物等が集積する新宿駅周辺等のエリアにおいて、様々な混乱が発生したのに対して、ターミナル駅が近傍にない等エリアの条件は異なるが、単一の事業者が広域的なエリアを総合的に管理す

る六本木ヒルズでは、大きな混乱が見られなかったことが報告されている。
- この状況の違いの一因は、単一の建築物の単位を超えた、より広域的なエリアの視点で、総合的に防災対策が検討・実施されていたか否かということによるものと考えられる。
- この結果、六本木ヒルズは、都市の災害リスクに対する民間企業の意識が高まる中、災害リスクに対し高い対応力を有するエリアとの評価を受け、海外企業も含め、震災後、テナントからの引き合いが増加したことが報告されている。
- こうした東日本大震災の教訓を踏まえれば、管理者の異なる様々な建築物等が集積する人口・機能集積エリアにおいても、当該エリア内の建築物等の管理者・所有者が、単一の主体により総合的に管理されているのと同様に、相互に密接に連携して防災対策を充実させることにより、前述のリスクをできる限り抑制することが極めて重要である。

(既存の政策的枠組み)
- 我が国の防災対策の枠組みにおいては、災害対策基本法に定められた防災基本計画に基づき、都道府県・市町村の行政区域ごとに地域防災計画が策定されているが、特定のエリアに関する即地的かつ具体的な防災対策については、基本的に記述されていない。
- 一方、消防法に基づく消防計画においては、即地的かつ具体的な避難計画等が詳細に記述されているが、建築物単位で策定することが原則となっている。
- エリア単位での防災対策に係る連携を促すためには、これらの中間に位置する、エリア単位での即地的かつ具体的な防災に関する計画を策定する枠組みが必要となるが、現在こうした計画づくりを進める制度的な枠組みは存在していない。
- こうした状況の中で、一部のエリアにおいては、任意に関係事業者等が連携し、エリア単位での防災対策の計画づくりを進めている例もあるが、計画づくりを進める枠組みがないこと等を背景として、エリア単位での連携のポテンシャルが十分に発現されている状況ではないと考えられる。

(エリア防災の必要性)
- こうした状況を踏まえると、大都市のターミナル駅周辺をはじめとする人口・機能集積エリアにおいて、エリア内の関係者が密接に連携してエリアとしての防災機能の強化を促進することが重要である。
- このため、人口・機能集積エリアにおいて、大規模災害発生後の無用なパニックを抑制し、迅速・円滑な応急活動を行うためにも、倒壊・火災等の直接的被害が発生していない建築物等の内部に就業者等を一定期間留め、退避者の発生を抑制するこ

> とをエリア全体の基本的な考え方とすることが重要である。これにより、エリア内だけでなく、エリア外も含めた都市全体の混乱の抑制につながり、都市全体としてのメリットもある。
> ・この際、主要な建築物等の所有者等が連携・協力して、ハード・ソフト両面からのエリア単位での防災対策の充実に関する計画（以下「エリア防災計画」という。）を策定し、計画に基づく対策の推進や効果的な運用等を促す新たな制度的枠組みを整備することにより、大規模災害発生時における人的被害等の抑制や立地企業の事業継続性の向上を通じ、我が国経済を牽引する都市の国際競争力の強化を図ることが必要である。

　東京都心の防災においては、3.11の教訓から、グローバル・ビジネスの中枢拠点として、従来の夜間人口（居住者）対応型の防災に、外国人・都心活動層対応を加えた昼間人口対応型の国際業務都心対応型の高度な防災に転換することが求められていると考えられます。この防災計画は、昼間人口対策を重視したものになりますから、民間のノウハウやマンパワーの活用を前提に推進することが考えられるでしょう。このような対策を講じながら、発生確率の高まっている首都直下地震に、今まで以上の集中力・加速力を持って対応していく姿勢が必要です。

1－2　東京の防災に関する基本スタンス

1　東京の防災に関する主要な計画など

　ここでは、主に東京都が示す防災に関する基本スタンスを、現行の諸計画や指針などから確認しておきます。

「セーフ シティ東京防災プラン」の策定
（1）プランの位置づけ

　東京都では、2020年の東京オリンピック・パラリンピックの開催を見据え、東京の来訪者に安全・安心な環境を提供するために、防災対策に全力で取り組む必要があるとの認識のもと、2018年3月に「セーフ シティ東京防災プラン」を策定しました。このプランは、2014年12月に策定された「東京の防災

プラン」との整合性に配慮しながら、それを引き継ぐ形で策定された、東京の防災対策に関する最上位計画に相当するものです。

　策定の目的として、①東京2020大会開催を見据えた、スピード感ある防災対策の取組推進、②都民の理解と共感に基づく自助・共助の更なる進展の大きく2点が掲げられています。東京2020大会の開催と関連させながら、自助・共助の底上げを図る意図が込められていることがわかります。都民や事業者の防災への関心や理解をより深め、実際の行動につなげていくとともに、東京都による公助の取り組みなどを明らかにし、広く都民などと共有することにより、東京都の防災対策を一層加速させることをねらいとしており、2020年に向けた事業計画としての位置づけを持っています。

（2）繁華街での防災対策
「区部・多摩地域における地震」への対応として、想定される災害シナリオを示した上で、あらかじめ行うべき取り組みとして以下に示す10項目を掲げています。

1．建物の耐震化、更新など
2．住民による救出活動の展開
3．出火・延焼の抑制
4．安全で迅速な避難の実現
5．各種情報の的確な発信
6．帰宅困難者による混乱防止
7．円滑な避難所の開設・運営
8．発災後の生活を可能にする飲料水や備蓄品の確保と輸送
9．公助による救出救助活動などの展開
10．迅速な復旧・復興による早期生活再建

　このうち、繁華街での防災対策として中心的に取り組むべきものとして、「1．建物の耐震化・更新等」「5．各種情報の的確な発信」「6．帰宅困難者による混乱防止」が示されています。この中で「帰宅困難者による混乱防止」に関

6．帰宅困難者による混乱防止

自助・共助の取組

■ 発災時に帰れないことを想定して、準備を進めましょう

✓ **一斉帰宅の抑制の趣旨や、発災時の助け合いについて理解・実践**
  一斉帰宅の抑制の趣旨や、発災時の助け合いの必要性を理解しましょう。発災時にはむやみに移動を開始せず、施設管理者等の指示に従いお互い助け合うなど、冷静な行動を心がけましょう。

✓ **自宅以外での発災に備えた備蓄や帰宅経路の確認**
  職場等の机の引き出しやロッカー等に、必要なものを余分に入れておきましょう。
  職場や学校からの帰宅経路の確認をしておきましょう。

✓ **従業員や来客者が安心して待機できる環境づくり**
  事業者は従業員の3日分の備蓄に加え、来客者等用に余分に備蓄しましょう。
  家族との安否確認手段の周知、生理用品等ニーズを踏まえた備蓄など、従業員が安心して待機できる環境づくりを行いましょう。

✓ **訓練参加や計画策定による帰宅困難者対策の強化**
  帰宅困難者対策訓練に参加し、帰宅困難者の受入れなど、災害対応力を強化しましょう。
  事業所防災計画等において、従業員等の施設内待機に係る計画を定めましょう。

■ 大規模発生時、「一斉帰宅の抑制」をすることが重要です
  都民の帰宅困難者対策条例の認知率は40.7%

■ 都民の取組
■ 「むやみに移動を開始しない」一斉帰宅の抑制
  ・すぐに移動を開始すると、火災や落下物等により怪我をする恐れがあります。
  また、多くの人が歩いて帰ると、道路に人があふれ、救急車など緊急通行車両の妨げとなります。
  ⇒災害時には、むやみに移動を開始せず、安全を確保した上で、職場や外出先等に待機してください。

■ 事業者の取組
■ 従業員の一斉帰宅の抑制
  ・施設の安全を確認した上で、従業員を事務所内に留まらせてください。
  ・必要な3日分の水や食料などの備蓄に努めてください。
  ・学校等の管理者等は、児童、生徒等を施設内に待機させるなど、安全確保を図ってください。
  ・積極的な帰宅困難者の受入にご協力お願いします。

【発災時はお互いに助け合いましょう】
  ・首都直下地震の被害想定では、帰宅困難者が約517万人も発生すると見込まれており、誰もが帰宅困難者になります。発災時は、水・食料を分け合う、高齢者や障害者等に対して必要な支援を行うなど、お互いに助け合いましょう。
  ・帰宅困難者になった際に的確な行動がとれるよう、日頃から、防災知識を身に付けましょう。

2020年に向けた自助・共助の具体的取組（工程表）

■ 発災時に帰れないことを想定して、準備を進めましょう

			2020年
一人ひとりの取組	一斉帰宅抑制の方針を確認 帰宅経路の確認	帰宅経路にある支援施設の場所を確認	実際に帰宅経路を歩いて確認
	引き出し、ロッカーに備蓄	季節により必要な物を随時補充	備蓄品を定期的に使用、更新
企業の取組	一斉帰宅抑制方針等の周知	従業員及び来客者用等の備蓄	防災訓練を実施
	家族との安否確認方法周知	安否確認ツールの操作手順周知	訓練等で定期的に操作手順を確認
	民間一時滞在施設に協力	帰宅困難者用の備蓄を行う	従業員と受入方法等を訓練

図1-7　帰宅困難者による混乱防止（自助・共助の取組）[6]

する取り組みについては、図1-7、1-8のように示されています。発災時にその場にとどまること、それを支える一時滞在施設を確保することなどが方向づけられています。

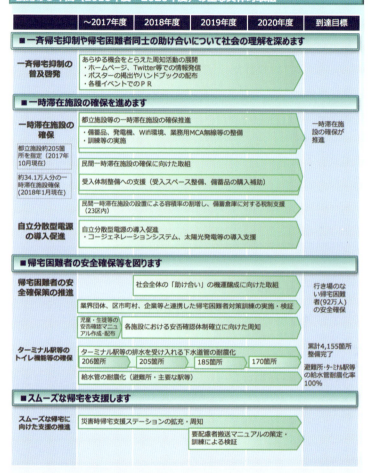

図1-8 帰宅困難者による混乱防止（公助の主な具体的な取組）[6]

「一時滞在施設の確保及び運営のガイドライン」の改定

　先に見たとおり、首都直下地震が発生した場合、東京都内では大量の帰宅困難者の発生が想定されています。発災直後の行政機関の「公助」による対応は限界があることから、一時滞在施設は「共助」の観点から開設・運営することが基本と考えられます。特に、民間事業者などの協力が不可欠です。

　そこで、2012年9月、首都直下地震帰宅困難者等対策協議会が「一時滞在施設の確保及び運営のガイドライン」を作成し、帰宅困難者を受け入れる一時滞在施設の確保が図られるようになりました。東京都においても、都市開発諸制度の適用に際し、原則として一定の防災備蓄倉庫及び自家発電設備の整備を求めるとともに、所定の基準を満たした一時滞在施設の整備を評価して容積率を割り増すインセンティブ措置を講じています。

　しかし、このような努力が積み重ねられてはいますが、一時滞在施設の数は依然として多くないのが現状です。また、特に民間事業者が保有する施設の一時滞在施設の管理責任については統一的な考え方が示されておらず、このことが民間事業者に一時滞在施設の確保を躊躇させている側面も見られていました。

　このため、これらの責任の範囲などを関係機関間で明らかにして共有し、民間事業者による一時滞在施設の確保の促進を図ることが必要ということから、2015年2月にガイドラインの改定がなされました（発行者は首都直下地震帰宅困難者等対策連絡調整会議）。一時滞在施設の確保・運営に対する民間事業者への期待と責任が大きくなっていることがうかがえます。

　表1-2で、避難拠点が担うべき大きな役割の1つである一時滞在施設について、どのような性能が求められているのかを把握・確認するため、新旧ガイドラインの変更点に着目しながら、改定された「一時滞在施設の確保及び運営のガイドライン」の特徴を整理します。

表1-2　一時滞在施設の確保及び運営のガイドライン(2015年2月改訂版)の特徴[7]

項目	特徴
基本的スタンス	・「公助」に限界があり、「自助」「共助」による総合的な対応が不可欠である旨が明示されている
施設管理者	・施設特性に応じ、施設の所有者・占有者・管理者が適切に一時滞在施設の管理者になる
対象施設	・旧版では、オフィスのエントランスホールや、ホテルの宴会場などが想定されていたが、その部分に限らず、全館も含めてより幅広い範囲が受入スペースの対象となる ・また地下道なども新たに対象に含まれている ・指定を前提として、民間施設が避難所となる場合も想定されている | 区分	一時滞在施設	災害時帰宅支援ステーション	避難所
---	---	---	---
設置時期	発災から72時間(原則3日間)程度まで	発災後、協定を結んだ地方公共団体から要請を受けた時	発災から2週間程度まで(復旧・復興の状況によってはそれ以上)
目的	帰宅困難者等の受入	後歩帰宅者の支援	地域の避難住民の受入
支援事項	食料、水、毛布又はブランケット、トイレ、休憩場所、情報等	水道水、トイレ、帰宅支援情報等	食料、水、毛布、トイレ、休憩場所、情報等
対象施設	集会場、庁舎やオフィスビル、ホテル、学校等	コンビニエンスストア、ファミリーレストラン、ガソリンスタンド、都立学校等	学校、公民館等の公共施設、指定された民間施設	
開設基準	・旧版では「最長で発災後3日間」の運営としていたものを、「原則として発災後3日間」とされている
要配慮者への対応	・いわゆる「災害弱者」に加え、外国人に対する配慮を求めている
受入条件の承諾	・受入条件を明示し、それを承諾の上、利用(一時滞在)してもらうよう、署名可能な帳簿などを準備する ・共助の観点から施設管理者が善意で施設を提供・開設している ・施設管理者の指示に従う ・施設管理者は施設内における事故などについては、故意または重過失がなければ責任を負わない ・施設滞在者が体調を崩したりした場合についても、故意または重過失がなければ責任を負わない ・施設滞在者の所持する物品は基本的に預からない ・建物の安全性や周辺状況の変化により、施設管理者の判断で急遽閉鎖する可能性がある ・負傷者の治療ができないなど、施設において対応できな事項がある など
損害などへの対応	・国・都県・市区町村は、一時滞在施設の運営に関して施設管理者に損害などが発生した場合/発生するおそれがある場合には、積極的に協力して対応する ・一時滞在施設の管理・運営に伴う施設管理者の損害賠償責任の範囲について内閣府(防災担当)が整理した考え方を示している

「東京都震災復興マニュアル」にみる時限的市街地づくり

　東京都は、阪神・淡路大震災の復興に関する検証結果を踏まえて、首都直下型大地震に備えて作成した「都市復興マニュアル」(1997年)、「生活復興マニュアル」(1998年)を統合して都民向けの「復興プロセス編」と行政向けの「復興施策編」に再編成した「東京都震災復興マニュアル」(2003年)を策定しました。2011年の東日本大震災や2013年の伊豆大島土砂災害などの経験を踏まえ、2016年3月に本マニュアルの修正を行っています。

　本マニュアルの「復興プロセス編」では、「自助・共助・公助」の連携のもと、地域協働復興の担い手である「地域復興協議会」の活動を中心に、「時限的市街地づくりのプロセス」として新たな仕組みを方向づけています。

　この「時限的市街地」は、復興段階をイメージしているもので、本書が検討対象としている「仮設市街地」と性格を同じくする部分が多く見られることから、ここで東京都が示す時限的市街地づくりのプロセスを整理します。

時限的市街地づくりのプロセス
（1）復興の5つの方針
方針1：復興について地域のみなさんが速やかに活動を始められるように支援する
方針2：地域の課題にきめ細かく対応するため、NPOなどによる支援体制を整備する
方針3：時限的市街地など、地域の皆さんの暫定的な生活の場づくりを応援する
方針4：被災者の状況に応じた多様な施策を用意し、本格復興までの連続的な復興を推進する。
方針5：多様な事業主体や手法により居住を確保する。

（2）時限的市街地
○時限的市街地とは、地域住民による復興地域づくりを進めるため、「暫定的な生活の場」を確保するもの
○時限的市街地は、仮設の住宅や店舗な␣と、利用可能な残存建設物などで構成される
○都及び区市町村は、時限的市街地づくりを支援する

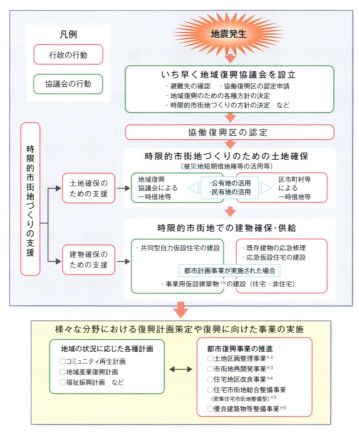

図1-9　時限的市街地づくりの仕組み[8]

(3) 時限的市街地づくりのために地域復興協議会に期待される活動

被災者が共に復興に力を合わせるため、時限的市街地づくりに取り組もうとした場合、地域復興協議会に期待される活動（例）
・仮設建築物造の方針決定、協働復興区認定の要請
・避難先などの連絡体制の確立
・被災者の居住継続意向の確認
・都や市町村などへの土地所有者情報提供の要請
・応急仮設住宅の建設要請
・協働復興区内での各種仮設建築物の建設支援

（4）時限的市街地づくりの仕組み

　地震の発生に伴い、いち早く「地域復興協議会」が設立され、復興のための方針などが決定されます。復興方針に含まれる「時限的市街地」づくりの方針では、時限的市街地のための「土地の確保」、次いで「建物確保と供給」を進めることになります。これらの仕組みを図示したのが、図1-9です。

2　東京の防災に求められる基本的なスタンス

　以上を踏まえて整理すれば、東京都心の防災については、以下の諸点が、他都市とは異なる東京ならではの特殊性、東京の防災に求められる基本的なスタンスとして指摘できるでしょう。

　①国際的な業務機能などの高度集積の継続を図ること
　②膨大な昼間人口の被災に自助・共助を中心として対処すること
　③復興の初期を支える時限的市街地を適切に形成・運営すること

　本書では、次章より、上記の特殊性を踏まえて、昼間人口の被災に対応した防災拠点と、復興の拠点となる仮設市街地について、検討・提案を行います。

参考文献・引用文献

1) 大手町・丸の内・有楽町地区まちづくり協議会2018
2) 森記念財団『東京を訪れる人達』2013年11月
3) 東京都「木造住宅密集地域整備プログラム」1997年
4) 東京消防庁「東京都の市街地状況調査報告書」より作成
5) 「人口・機能集積エリアにおけるエリア防災のあり方　とりまとめ」
6) 東京都「セーフシティ東京防災プラン」2018年
7) 首都直下地震帰宅困難者対策連絡調整会議「一時滞在施設の確保及び運営のガイドライン」
8) 「東京都震災復興マニュアル　復興プロセス編」2016年

2章

東京都心部における避難拠点

2-1　避難拠点の役割

1　避難拠点の役割

エリア防災（DCP）の拠点：防災見附

　東京都心では、市街地の安全を確保しつつ、膨大な昼間人口の滞留や帰宅行動を整序することが不可欠です。そこで、多様な性格を持つ昼間人口を主たる対象として、駅周辺や業務地区など多くの人や活動が集積する地区（人口・機能集積エリア）において、エリアとしての防災機能を備える必要があります。

　あるエリアが、発災直後の緊急対応を要する時期において、過度な混乱に陥らず、企業を含む地域の共助を中心としながら、そのエリア内を適切に制御された状態として継続的に保てるようにすることを考えます。そのためには、エリアとしての防災機能を備え、発災時などにその役割を十全に発揮できるように準備しておく必要があります。これは、企業などが持つ業務継続計画（Business Continuity Plan：BCP）になぞらえて言えば、エリア継続計画（District Continuity Plan：DCP）と呼べるでしょう。

　エリア防災（DCP）で重要なことは、自助を超えた共助の範囲を基本的な対象と考えることです。民間企業、地元住民、従業者・学生、行政など、多様な主体の連携により優れた防災性能（拠点性）を発揮することが求められます。特に、発災直後は、行政の地域防災計画は十分に機能しきれないおそれがあります。エリアの自助と共助で持ちこたえながら、東京都心全体としてのよりスムーズな発災対応、速やかな復旧・復興に資することが重要となるでしょう。

　そのような目的を実現するための実行拠点を担う避難拠点を「防災見附」と呼びたいと思います。発災時にも混乱を生じずに、当該エリアの日常的な機能活動が途絶えることなく継続できるよう、エリア内の各主体の質の高い自助の取り組みと、それらの相互連携を基盤とする共助の取り組みを中心とした防災対策を展開できるエリアの形成を図るための拠点、それが「防災見附」です。以下、「防災見附」の備えるべき機能や役割を検討します。

エリア防災として展開すべき事柄（DCPサービス）

（1）エリアにとどまれる環境づくり

　エリア防災の観点からは、重傷者はできるだけ速やかに医療機関へ搬送するにしても、基本的には、被災者をできるだけそのエリアにとどめておくことが重要です。言わば、災害時における宿場機能のようなものです。被災者をエリアにとどめておく期間は、ひとまず3〜7日程度を目安と捉えておくのがよさそうです。なぜならば、被害が甚大な場合、3日（72時間）は人命救助が最優先課題となり、帰宅困難者をはじめとする生命が安全な状態の被災者の支援まで手が回らないからです。その間は、自力で持ちこたえる必要があります。また、鉄道被害の復旧についても、翌日くらいから運行を再開できる路線もあるとしても、ネットワークとしての一定の復旧にも3〜7日程度を要することが考えられるためです。ちなみに、東日本大震災の際に、津波や原子力発電所事故の直接的な影響をさほど受けなかったJR東北本線の復旧状況を見ると、花巻駅〜盛岡駅間が4日後の3月15日、北上駅〜花巻駅間が6日後の3月17日、一ノ関駅〜北上駅間が9日後の3月20日にそれぞれ再開しています。

（2）エリア防災として展開すべき主なDCPサービス

　その3〜7日程度の間に行われるべきことは、帰宅困難者をはじめとする被災者が安全に（かつできるだけ快適に）、周辺の被災などの状況を確認しながら、そのエリアに安心してとどまることができる状態の確保です。そのために必要な諸機能をDCPサービスと呼ぶと、展開されるべきDCPサービスは、以下のようなものとなるでしょう。

①シェルターの提供
　・避難、休憩、仮眠スペースの提供
②電源の確保
　・以下の各種サービスの安定的な供給および企業BCPの確保（一定業務の再開・継続）の前提
③震災情報提供、情報通信環境の提供
　・ニュース放映、Wi-Fi無線LAN網の開放など
④水、食料の提供

⑤トイレの提供
⑥医療救護所機能
　・負傷者の応急処置、トリアージの実施、重傷者の病院への搬送、病院治療までの待機（居住者に限らず、昼間人口・滞留者・外国人なども含めて対象とする医療救護所機能）

(3) 避難拠点の役割：DCPサービスの提供
　上記のようなDCPサービスを提供する避難拠点となるのが「防災見附」です。「防災見附」では、その周辺で想定される被災の状況を勘案しながら、以上のDCPサービスの提供に資するような空間形成の促進、設備・装備の充実、備蓄の増強、共助体制の構築などを適切に準備することが求められます。
　先に見た不燃領域率の分布と鉄道網とを重ね合わせて考えてみましょう。不燃領域率の高い都心部では地下軌道のネットワークが形成されていますが、延焼危険性の高い外周区では、地上・高架軌道の鉄道網となっており、震災時に火災・延焼の影響を受けるおそれがあります。特に、城南から東海道方面、新宿から西郊方面への鉄道網が不燃領域率の低い（燃えやすい）エリアを通過しています。このエリアで鉄道の運行障害が発生すれば、大量の都心従業者の帰宅・通勤に支障が出るおそれがあります。そのことで、発災後の帰宅行動や業務継続の大きな障害となる可能性があります。そのような事態への対応も「防災見附」の役割と言えます。

「防災見附」が備える機能

　防災見附が、その役割（DCPサービスの提供）を果たすために備える機能は多岐にわたります。また、地区の特性に応じていくらか色合いの異なる機能構成となることが考えられます。そのような一定の振り幅があると考えられますが、「防災見附」が基本的に備えるべき機能は表2-1のように整理できます。
　「防災見附」が備えるべき機能（要素）は、大きく5つの機能から構成されます。すなわち、DCPプレイス（拠点空間）、DCPインフラ、DCP医療、DCP交通、DCP要員（マンパワー）の5機能（要素）です。
　この5つの機能（要素）それぞれに役割を担う施設・主体があり、役割を発

表2-1 「防災見附」が備える機能

①DCPプレイス（拠点空間）
・エリアの混乱を軽減するための拠点施設・拠点街区の機能を担う。
・在館者・来訪者の待機、避難者・帰宅困難者の受入、負傷者の応急処置・重傷者の病院への搬送、震災情報の提供（NHK上映など）、インターネット接続環境の提供、水・食料などの提供、トイレの提供などを行う。また、執務スペースの確保を含め、企業の業務継続の重要な役割も担う。
・現行の地域防災計画では、必ずしもきちんと位置づけられていない。

②DCPインフラ
・DCPインフラとして、DCPエリアにおいて、①発災時にも使える情報通信インフラ、②非常用電源・エネルギー・燃料、③飲用水・食料、④トイレ・用水を確保する。
・特に、DCPにおいて基幹的な役割を担う施設などでは、DCPインフラを確保することが重要である。

③DCP医療
・震災により発生する多数の負傷者の治療に当たる医療機関、医療救護所の機能を担う。
・負傷者の治療、トリアージ、高次医療施設への搬送。特に昼間人口への対応が重要である（例えば昼間人口向け医療救護所機能の確保など）。
・地域防災計画に基づく災害時医療救護活動の流れが基本となるが、例えば、医療救護所は、夜間人口対応の避難所に設けられる場合が多いなど、昼間人口への対応は十分ではない。

④DCP交通
・広域ネットワークを形成する鉄道、道路、水上交通（河川・運河）が位置づけられる。果たすべき役割は、利用・運行の安全を確認の上、物資の輸送、人の移動である。

⑤DCP要員（マンパワー）
・エリア内に立地する企業や大学などのマンパワーである。果たすべき役割は、町会などの地元組織と連携しながら、救援・救助・救護・避難誘導・復旧などの諸活動を実施することである。

揮するプログラムを持つ必要があります

　なお、前述した「人口・機能集積エリアにおけるエリア防災のあり方　とりまとめ」において、エリア防災計画が備えるべき事項を整理しています。その整理と「防災見附」が備えるべき機能との関係を参考までに示すと、表2-2のようになるでしょう。

表2-2 エリア防災計画の記載内容と「防災見附」機能との関係[1]

大分類	中分類	リスク・課題	記載内容イメージ（ソフト面）	記載内容イメージ（ハード面）
就業者及び滞留者に係る人的被害・負担の抑制	直接被害	建築物・各種施設の倒壊		・建築物等の耐震化
		建築物・各種施設の火災		・建築物等の不燃化
		建物内什器等の移動・転倒		・什器等の転倒防止・固定対策
		屋外での落下物		・屋外広告物等に係る安全対策の推進
		高層ビルの長周期振動		・制振化等高層ビルの長周期振動対策
		エレベータでの閉じ込め	・閉じ込め時の救出体制の整備	・安全停止装置等の充実
	避難プロセス	避難ルートがわからないことによる混乱	・各施設からの避難ルートの明確化 ・外国人への情報提供方法対応 ・共同での防災訓練の実施	・わかり易いサイン、緊急放送設備 ・地域内防災対応通信（無線等の活用）
		各施設からの避難誘導者の錯綜等による将棋倒し等	・混乱を回避する避難誘導ルール ・エリア内の被災情報の集約	・避難しやすい避難路の整備 ・統合的防災センターの整備 ・各施設等への災害用通信設備の整備
		建物内での待機に向けた安全性確認	・一時避難後の安全性確認方法 ・安全性確認後の指示に関するルール	・安全性確認のためのモニタリングシステム・情報伝達設備の充実 ・一時避難者への情報伝達設備
	避難場所等	避難スペースの確保	・各施設等からの誘導先の明確化 ・滞留者受け入れに関するルール	・避難スペース（一次避難スペース、二次避難スペース）の整備 ・避難場所の耐震性等の充実
		食糧・飲料等の確保	・食糧、飲料等の備蓄・配布に関するルール ・避難場所間での物資等の融通ルール	・食糧、飲料等の備蓄 ・防火を兼ねた拠点水槽の整備 ・物資等の融通のための輸送路等の整備
		通信機能の確保等	・災害情報、安否情報の提供・共有ルール	・通信設備、自家用発電等の整備等
		医療サービスの確保	・医療スタッフの確保方策 ・医療機関毎の役割分担ルール	・緊急時用医療スペースの確保 ・負傷者搬送のための施設の確保
		ライフラインの寸断		・上下水道、電気等に係る施設の耐震化
		交通機関の停止		・道路、鉄道施設等の耐震化
立地企業の業務継続性の確保	機能の自立性の確保	エネルギーの確保	・非常用発電設備からの電気の提供ルール	・拠点施設における非常用発電設備 ・広域的な自立型エネルギーシステム
		通信機能の確保		・拠点施設における災害用通信設備 ・地域内防災対応通信（無線等の活用）
	機能喪失時の対応	業務機能の喪失	・業務スペース等の相互貸出のルール	・拠点施設の耐震化等の推進 ・代替業務拠点の整備 ・拠点施設における自家用発電設備 ・拠点施設における災害用通信設備 ・建物内の給排水設備等の耐震化 ・スプリンクラー等の消防用設備の耐震化
共通事項	指示系統	指示系統等	・避難プロセス、避難誘導等に関する指示系統・調整プロセスの明確化	
	人材育成・教育	啓発活動	・防災広報の充実（広報誌、講習会、ホームページ等） ・自治体職員、生徒等への防災教育の充実 ・地域防災機関と学校の連携による防災教育の推進	
		防災訓練	・総合防災訓練の実施 ・災害医療訓練の実施 ・自治体職員訓練の実施 ・情報通信訓練の実施 ・自主訓練への支援 ・各施設、各機関における防災訓練の実施	
		防災市民組織の強化	・地域住民による防災市民組織の強化・活性化の支援 ・防災サポーターの養成、登録	
		ボランティア等との連携	・ボランティア、NPOとの協力・連携 ・町会・自治会等との協力・連携	

━━━ DCPプレイス、DCPインフラ、DCP医療、DCP交通
━━━ DCP要員

32

2-2　避難拠点の配置の考え方

1　配置の考え方

　避難拠点となる「防災見附」の配置にあたり、以下の3つを基本的な考え方とします。

都心防御のゲートの形成

　都心市街地とそれを取り巻く複合市街地や居住系（職住近接）市街地とでは、発災時に求められる救援・支援のニーズも異なれば、発揮が期待される防災対策も異なってきます。具体的には、中枢業務などの都心機能の業務継続と、膨大な滞留者（いわゆる帰宅困難者に該当する人々）の安全な滞留と支援を、混乱なく実現する必要のある都心部と、年少者や高齢者を含む住民の安全確保、避難生活支援を相当程度に重視する必要のある複合系・居住系市街地との違いです。

　この点を考慮すると、都心部と複合系・居住系市街地の境界エリアに、都心防御のゲートとなる「防災見附」を配置することが有効と考えられます。具体的には、東京都心部（センター・コア・エリア）における拠点地区の位置（分布）を勘案すると、東京駅周辺から新橋、虎ノ門、六本木にかけての「中枢的な拠点地区」やその近傍に位置する「活力とにぎわいの拠点地区」を取り囲むような、拠点地区との境界部での配置が考えられます（図2-1）。

帰宅困難者の支援・誘導

　2013年4月1日に施行された「東京都帰宅困難者対策条例」や2018年3月に策定された「セーフシティ東京防災プラン」では、首都直下地震のような大規模災害の発生時には、むやみに移動（帰宅）を開始せず、安否情報を確認しながらその場にとどまること、またそれを可能とする備えを都民や事業者に求めています。しかしながら、実際には、徒歩などで帰宅行動をとる人々が一定量は生じることが予想されますし、また、鉄道などの公共交通機関の早期回復が難しいとなれば、多くの人がいずれ徒歩で帰宅することになると思われます。図2-2は、首都直下地震の発生から24時間の総通過人数（幹線道路の

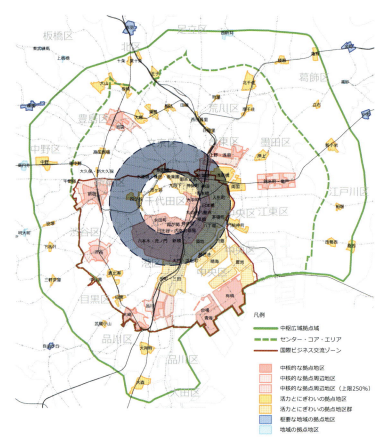

図2-1　都心防御のゲートの配置想定エリア[2]

み通行可能と想定したケース）を示したものですが、郊外に向けて放射的に大量の歩行者が通行することがわかります。

　都心部から郊外に向けて大量の歩行者が発生することを考えれば、その混乱を回避するとともに、帰宅支援にも役立つような交通の要衝に避難拠点となる「防災見附」を配置することが有効と考えられます。具体的には、複数路線が乗り入れ交通結節点となっている鉄道駅や、都心と郊外を連絡する幹線道路などに近接した位置に、「防災見附」を配置することが考えられるでしょう。

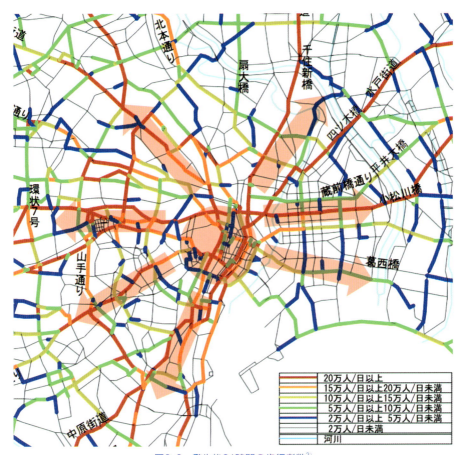

図2-2　発生後24時間の歩行者数[3]

2章　東京都心部における避難拠点

表2-3 「防災見附」の構成要素(例示)

防災見附の構成要素	活用が想定される施設など	備考
DCPプレイス	○公園・緑地・広場・公開空地 ○ロビー、ホワイエ、アトリウム ○ホール、会議場、集会施設、体育館 ○学校・大学	○都市開発との連携
DCPインフラ	○エリアWi-Fi、公衆電話 ○大型ビジョン、デジタルサイネージ ○備蓄(食料・飲用水、毛布など) ○非常用発電、コジェネ(燃料含む) ○災害トイレ(用水含む)	
DCP医療	○病院 ○診療所、クリニック ○薬局、ドラッグストア ○トリアージ空間としての広場など	
DCP交通	○鉄道、地下鉄 ○幹線道路 ○歩行者専用道路、緑道など ○水運(運河、河川)	○特に大江戸線は防災上重要な路線としての位置づけ
DCP要員	○オフィス就業者 ○大学生 ○地域組織(町会、商店会、災害協力隊など) ○防災隣組	○ボランティア(たまたま居合わせた人など)も活用

エリア防災に役立つ機能・空間資源の活用

「防災見附」の配置・整備にあたっては、先に「防災見附の役割」として整理したような諸機能・諸空間を確保・活用できることが重要です。既存資源の分布状況に加えて、市街地再開発事業など、新たな空間整備の見通しなどを勘案する必要があります。「防災見附」を構成する上で、活用が想定される施設などを例示的に示すと、表2-3のとおりです。

2 「防災見附」の配置候補地の抽出

 以上を勘案し、東京都心部における「防災見附」の配置候補地を以下のように想定します。

 都心を取り囲む位置の主要駅周辺に「防災見附」を配置することで、周辺住民や帰宅困難者に対する医療、食料、情報、避難などのエリア防災（DCP）サービスを提供し、グローバル・ビジネスの拠点として機能継続を図る筈意用のある都心部の混乱を回避することを狙います（図2-3、表2-4）。「防災見附」は、主に昼間人口（帰宅困難者）への対応を意図した民間主導型のエリア防災（DCP）の展開拠点ですので、行政上の区分（区境）にとらわれず、地域で一体となったエリア防災を展開することを想定します。

図2-3 「防災見附」の配置候補地区[2]

表2-4 「防災見附」配置候補地区の概要

防災見附の配置	活用が想定される施設など	備考
飯田橋駅周辺 ：都心〜北方面の連絡	○小石川後楽園、小石川運動場 ○再開発ビル・公開空地 ○旧東京厚生年金病院	○千代田区・新宿区・文京区にまたがる ○神田川の水運
御茶ノ水駅周辺 ：都心〜北方面の連絡	○大学病院群 ○大学群 ○再開発ビル（ワテラスなど）	○医療拠点 ○神田川の水運
四ツ谷駅周辺 ：都心〜西方面の連絡	○上智大学 ○外濠公園、若葉東公園（迎賓館前） ○紀尾井町ホテル群	○防衛省近接 ○千代田区・港区・新宿区にまたがる
両国駅周辺 ：都心〜東方面の連絡	○国技館、江戸東京博物館 ○同愛記念病院 ○旧安田庭園、横網町公園	○隅田川の水運
門前仲町駅周辺 ：都心と東方面の連絡	○永代通り ○東京海洋大学 ○深川公園（不動尊）、富岡八幡宮、木場公園	○越中島駅周辺も含む ○運河ネットワーク
浜松町駅周辺 ：都心〜南方面の連絡	○WTCなど再開発ビル、特定街区群 ○芝公園、旧芝離宮 ○竹芝ふ頭	○港区役所近接
六本木駅周辺 ：都心〜南方面の連絡	○六本木ヒルズ、ミッドタウンなど ○大江戸線（防災拠点の麻布十番駅も近接） ○檜町公園	○周辺の面的開発群との連携

2-3　避難拠点（防災見附）のイメージ

1　空間的・機能的なイメージ

「防災見附」の配置候補地区を中心に、「防災見附」の空間的あるいは機能的なイメージを例示的に示します。

① DCPプレイス（図2-4〜2-6）
② DCPインフラ（図2-7）
③ DCP医療（図2-8）
④ DCP交通（図2-9）

図2-4
帰宅困難者の避難・収容や物資の仕分け・配布などに活用できる
屋根のある大広場

図2-5
再開発により創出された安全性の高いピロティ空間は
滞留者が身を寄せることができる

2章 東京都心部における避難拠点

図2-6
平時は賑わいの場となり、災害時は帰宅困難者などを収容可能なホール空間

図2-7
災害時にも安定して電力を供給できる非常用発電設備を屋上に設置

図2-8
拠点病院がDCP医療の中心を担う

図2-9
生活に潤いを与えるまちなかの細やかな水路ネットワークは
災害時の交通網として機能する

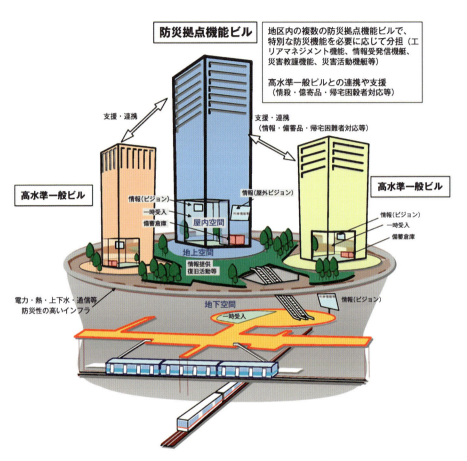

図2-10　防災拠点機能ビルのイメージ[4]

防災拠点機能ビル

　防災拠点機能ビルは、ビル単体としての高い防災機能、事業継続性能を備えるだけでなく、帰宅困難者の支援、他のビルに対する電力・熱の供給など、より広範囲の防災性能向上、地域貢献の役割を担うビルであることが求められます。交通結節点との接続機能なども重要です。DCPサービスの提供拠点となるビルと言えるでしょう（図2-10）。

2　協働による運営体制のイメージ

「防災見附」は、単に防災性能に優れた空間・機能を確保するだけでは不十分です。「防災見附」の拠点性を活かせる運営体制の構築が不可欠です。
「防災見附」における防災活動は、自助・共助による運営を基本的な考え方としていますが、防災の性格上、行政（公助）との連携も重要です。以下では、協働による「防災見附」の運営体制について、イメージを示します。

防災隣組の組織化

「防災見附」の運営を中心的に担う主体として、「防災見附」各地区において、拠点となるビルなどの所有者、入居企業、周辺の大学や病院などの関係者による防災隣組を組織することが考えられます。

　防災隣組は、まちの安全性を高めるため、大都市圏に立地する企業などが組織する共助の仕組みです。東京都でも、首都直下地震への備えとして、防災隣組の組織化を促進している。2017年4月時点で、東京都に246団体（うち区部149団体）の防災隣組が認定されています。

諸機関とのパートナーシップの構築

　防災隣組の組織化に加え、行政・警察・消防などとの連携、鉄道・ライフラインなど事業者との連携、地元組織、医療機関との連携など、防災隣組としての活動（防災拠点機能の発揮）に関係する諸機関とのパートナーシップの活用を図りながら、エリア防災活動を展開することが考えられます。

　平常時の地域振興をはじめとするエリアマネジメントもこのパートナーシップの中で十分に展開可能ですし、そのようにすることが望ましいと考えられ

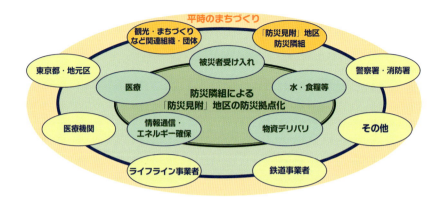

図2-11 防災・エリアマネジメントなどに関連する諸機関とのパートナーシップ

ます。平時と災害時をシームレスに接続する組織体制・運営が重要です。

「防災見附」地区の防災隣組と関係諸機関との関係を模式的に図示すれば、図2-11のようになります。防災隣組と平時の観光やまちづくりに取り組む団体などが両輪となって、関係各機関などとの連携のもと、平時の多様なまちづくりとエリアの防災まちづくりをシームレスに展開していくイメージです。

参考文献・引用文献

1) 「人口・機能集積エリアにおけるエリア防災のあり方 とりまとめ」に加筆
2) 東京都「新しい都市づくりのための都市開発諸制度活用方針」(2019年3月改定) に加筆
3) 内閣府「首都直下地震時の帰宅行動シミュレーション結果」2008年4月
4) エコッツェリアHP

3章

東京区部における仮設市街地

3-1　仮設市街地の定義

1　仮設市街地の歴史

　日本は、世界有数の災害大国であり、地震、津波、台風、内水氾濫、火山噴火、土石流など、さまざまな自然災害に見舞われる国土です。ひとたび災害が発生すれば、火災の消火や人命救助、被災者の避難・救援、救援物資の輸送・配布などの初期対策が行われ、追って市街地と生活の復旧・復興に向けた取り組みが重ねられます。その過程で、被災者の当面の居住や就業、生活の場として仮設的な施設が整備されます。

災害救助法に基づく応急仮設住宅

　現在のいわゆる仮設住宅は、正式には応急仮設住宅と称され、災害救助法に規定されている救助の1つとして供与される施設です。従来、厚生労働省が所管していましたが、2013年に内閣府に所管が移されました。従来、1戸当たり面積の標準を29.7m²（9坪相当）としてきましたが、東日本大震災の教訓などを踏まえ、2017年に規模の規定を廃止し、地方公共団体が実情に合わせて設定できるように改正されました。また、建設のために支出できる経費の上限を561万円と定めています（平成25年10月1日内閣府告示第228号改正）。応急仮設住宅の着工は災害の発生の日から20日以内、供与期間は完成の日から2年以内とされています。また、高齢者などであって日常生活上特別な配慮を要する複数の被災者が利用できる施設として、老人居宅介護等事業等を利用しやすい構造及び設備を備えた福祉仮設住宅の設置も可能とされています。さらに、応急仮設住宅をおおむね50戸以上設置した場合は、居住者の集会などに利用するための施設（集会所など）を設置することも可能です。東日本大震災に際しては、発災後20日以降の着工、見なし仮設住宅（民間賃貸住宅など）の活用、10戸以上50戸未満でも集会などに利用できる施設の設置を認める告示などが発出されています。

　災害救助法で想定している応急仮設住宅はあくまでも住居であり（図3-1）、店舗などの他用途の併用住宅や、生活必需の各種サービスを提供するような非住宅用途の仮設建物を供給することは視野に入れられていません。

●規模
- 単身用：19.8㎡程度（6坪相当）
- 小家族用（2～3人）：29.7㎡程度（9坪相当）
- 大家族用（4人以上）：39.6㎡程度（12坪相当）
- 応急仮設住宅の1戸当たりの規模：平均29.7㎡を標準（従来）

●仕様
- 標準仕様：玄関、台所、居室、キッチン、浴室、トイレなど
- 特別仕様：建設地の気象などに配慮して寒冷地対策、積雪対策、強風対策など

●標準的な間取り（小家族用）

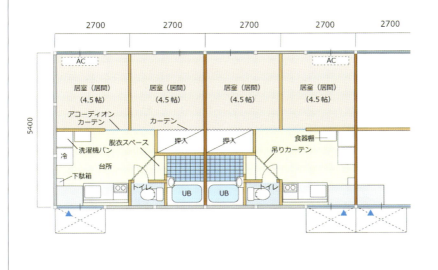

図3-1 応急仮設住宅の仕様[1]

同潤会の「仮住宅」

1923年の関東大震災後の復旧・復興の過程において、東京市が集団バラックからの移転先として仮住宅1,300棟を供給しました。これが、わが国において、災害後に政府・地方公共団体が応急仮設住宅を供給するようになった最初の事例だとされています。この仮住宅の供給を東京市から引き継いだのが、震災の翌年に設立された同潤会です。

同潤会は、7地区において2,158戸の仮住宅を建設しています。その概要を表3-1に示します。

表3-1 同潤会による仮住宅の一覧[2]

	方南	平塚	中新井	碑衾	奥戸	砂町	塩崎町
所在地	杉並区方南町	荏原区中延町	板橋区中新井町	目黒区衾芳窪町	葛飾区上平井町	城東区北砂町八丁目	深川区塩崎町
敷地面積(坪)	10,289	5,571	4,266	6,000	5,859	4,220	5,495
着工日	1924.10.07	1924.10.21	1924.10.21	1924.10.07	1924.10.07	1924.10.07	1924.11.17 1925.02.13
竣工日	1924.11.25	1924.11.25	1924.11.17	1924.11.17	1924.11.17	1924.11.17	1924.12.30 1925.03.02
戸数(戸)	405	304	238	291	312	256	229 123
託児所	●	●				●	
授産所	●	●					
救助費給与	●	●	●	●	●	●	●
訪問婦	●	●	●	●	●	●	●
仮設浴場	●	●	●	●	●	●	●
診療所	●	●	●	●	●	●	
小資融通及び人事相談	●	●	●	●	●	●	
職業紹介	●	●	●	●	●	●	

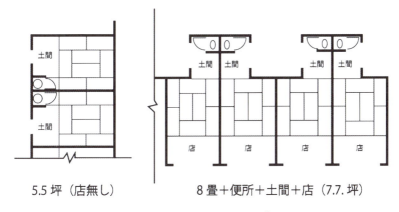

図3-2　仮住宅の平面図[3]

図3-3　仮住宅の様子[2]　［左：店舗併用仮住宅(塩崎町)　右：授産所(方南)］

　仮住宅は、平屋建ての長屋形式であり、各住戸は8畳間に便所と土間があり、そこに2坪の店空間を加えた店舗併用型の住戸タイプも用意されました(図3-2)。
　仮住宅地区では、住宅にとどまらず、多様な機能が併設されていました。具体的には託児所、授産所、仮設浴場、診療所などの諸施設が備えられるとともに、救助費給与（義援金の分配）、訪問婦による見回り、小資融通及び人事相談（マイクロクレジット）、職業紹介などのソフトも提供されていました(図3-3)。さらには、裁縫やブラシ製造の講習、紙袋製造（内職）の奨励、伝染病の予防接種、慰安会の開催など、多岐にわたる生活支援サービスを、仮住宅地区の

運営主体である同潤会が実施していました。

　仮住宅は、当初、1926年3月いっぱいでの退去（入居期間1年〜1年4ヶ月）を想定していましたが、1年半〜2年間の延長措置がなされています。また、中新井・奥戸・平塚・砂町の4地区では、仮住宅の経営の引き継ぎを希望する事業者に譲渡処分がなされています。

　復興区画整理の遂行のため、バラック居住者を移転させる目的で、緊急避難的に整備された仮住宅地区ではありますが、単なる住宅地ではなく、ある種の「まち」を形成する視点があったことがわかります。しかし、このように応急仮設住宅の歴史の発端では当然のことと考えられていた「まちを仮設する」「生活全体を支える」という視点は、現在の災害救助法には必ずしも受け継がれていないと言えるでしょう。

戦後の応急仮設住宅

　1941年、同潤会を吸収する形で住宅営団が設立されました。軍需工場などの近接地に住宅団地を整備しており、そこでは住宅以外にも店舗や託児施設、学校、教会などのさまざまな施設が併設されていました。しかし、第2次世界大戦の戦況が悪化するにつれ、住宅以外の施設を整備する余力が失われていき、住宅だけの団地を整備するようになっていきました。

　終戦を迎え、420万戸という圧倒的な住宅不足に直面し、国は住宅営団と都道府県に応急簡易住宅をつくらせました。1947年、災害救助法が制定され、応急仮設住宅の供給が法的に位置づけられました。そこには、同潤会の仮住宅が持っていたような諸機能を併設した「まち」をセットで供給する視点（仮設市街地の形成）は盛り込まれていません。これ以降、規模やバリエーション、設備の改善などはありながらも、災害時には住宅のみが供給されることとなって、今日に至っています。

　図3-4に、応急仮設住宅の間取りの変遷を示します。

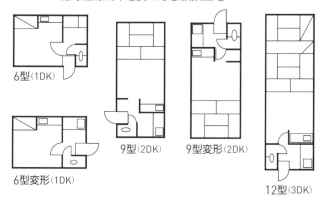

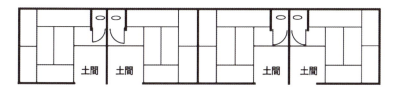

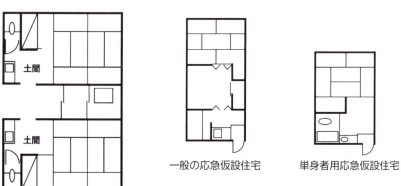

図3-4　戦後の応急仮設住宅の間取りの変遷[3]

3章　東京区部における仮設市街地　53

2　仮設市街地の定義

　戦後70年間にわたり、わが国はいくたびも大きな災害に見舞われ、そのたびに応急仮設住宅が供給されてきましたが、その対象は基本的には住宅に限られており、「まち」をなすようなさまざまな機能を併せ持つことはほとんど見られませんでした。阪神・淡路大震災の復旧・復興過程における応急仮設住宅の供給では、①被災地から離れた遠隔地に仮設住宅が建設され、被災地とのつながりが希薄になってしまった、②公平な入居の観点から、仮設住宅入居の際に被災地域のコミュニティの分断を招き、また仮設住宅地においてもコミュニティの醸成も進みにくかった、③生活に必須な関連施設が仮設住宅と併せて建設されることが十分でなく、ただの「仮住まい」の感じが長く続いたなどといった反省点が示されています。本来、被災者の生活を回復するには、住居にとどまらず、災害で低下した生活関連サービス機能を併せて回復することが不可欠です。そのような諸機能を備えた総合的な「まち」を仮設し、地域と暮らしを復旧・復興するという観点から、「仮設市街地」という概念を検討したいと思います。

　仮設市街地研究会は、「仮設市街地」を「地震等の自然災害で、都市が大規模な災害に見舞われた場合、被災住民が被災地内または近傍に留まりながら、協働して被災地の復興をめざしていくための、復興までの暫定的な生活を支える場となる市街地」と定義しています（「提言！仮設市街地」）。具体的には、仮設の事業所や商店、医療施設やケア施設、遊び場、図書館、作業場、職業訓練所や授産所、まちづくり相談所などの生活関連施設を、小規模でもよいから仮設住宅と一体的に用意し、仮設の「小さなまち」をつくるイメージです。大月敏雄東京大学准教授（当時）も、災害救助法で供給できるのが「応急仮設住宅」のみであり、せめてこれを「応急仮設住宅地」なり「応急仮設住宅及び居住支援施設」に法改正できないかという趣旨を主張しています（「住宅地のコミュニティとマネジメント」）。同潤会仮住宅のように、生活をトータルに支える「まち」であることが、仮設住宅地区に求められているのです。

　以上を踏まえ、また実際的には応急仮設住宅の供給が、復興過程の暫定的な暮らしの場の確保策として、これからも圧倒的に中心的な役割を担うことを念頭に置けば、「仮設市街地」とは、「商業施設・交流施設・福祉施設等の

生活関連施設を地区内ないし近傍に併設した応急仮設住宅地区」と定義づけることができるでしょう。この時に、全ての施設を仮設として新たに整備する必要は必ずしもありません。既存施設を活用することで構いませんが、「仮設住宅のみ」で構成された地区としないことが重要です。

> 仮設市街地
> ||
> 商業施設・交流施設・福祉施設等の
> 生活関連施設を併設した応急仮設住宅地区

しかしながら、現在は、そのような複合型の仮設市街地を供給できる体制が十分に整っていません。そこで、以下では、大都市直下型震災の事例である阪神・淡路大震災と、直近の大災害である東日本大震災を対象として、仮設住宅をはじめ、仮設商店街、仮設交流施設などの事例整理を通じ、仮設市街地の計画と設計に関わる特徴の整理を行います。

3-2 過去の震災における仮設市街地

1 阪神・淡路大震災における仮設市街地

ここでは、首都直下地震と同じく都市直下型地震の例である阪神・淡路大震災の復旧・復興過程における仮設住宅を中心とする仮設市街地の状況を整理します。阪神・淡路大震災は、1995年1月17日午前5時46分に発生、マグニチュード7.3、最大震度7、死者6,434人・行方不明者3人、住家被害は全半壊を合わせて639,686棟に及びました。

応急仮設住宅など

（1）3タイプの仮設住宅の大量供給

阪神・淡路大震災では、原則として、家を失った全ての入居希望者に応急仮設住宅を供給する方針が打ち出され、最終的には48,300戸に及ぶ大量の仮

図3-5　大量供給された臨海部や郊外部の仮設住宅地区[4]

設住宅の供給が必要となりました。

　仮設住宅の供給は、発災3日後の着工、2週間後に第1弾の竣工を迎えており、非常に速やかな動き出しでした。発災後2ヶ月で約3万戸の仮設住宅を用意できていました。しかし、用地の手当てが難航したことなどから遠隔地での大量供給も余儀なくされましたが、そのような仮設住宅団地は敬遠され、入居が進まないという、ミスマッチな局面を常に抱えながらのプロセスをたどっています。最終的に避難所の運営を終了したのは発災から7ヶ月後でした。

　大量供給を要したことから、住戸面積8坪の1タイプでの供給で計画されていましたが、その後、共同の炊事場・浴室・トイレを備えた高齢者・障害者向けの地域型仮設住宅、6坪の単身者用仮設住宅が用意されています（図3-5）。

（2）地域型仮設住宅

　阪神・淡路大震災では、高齢者や障害者の生活を支援する地域型仮設住宅が供給されました。これには、大きく2つのタイプがあります。神戸市を中心として、日中の時間のみ生活援助員（ライフサポートアドバイザー：LSA）が勤務する「LSA派遣型」と、介護職員を24時間常駐させて支援を行う「グループホーム型」の2種類です。供給戸数としては、圧倒的に「LSA派遣型」が多く、神戸市の1,500戸を中心に1,724戸が供給されています。「グループホーム型」は、西宮市、芦屋市などで191戸でした。当時、全国で初めての取り組みであった24時間支援を行う「グループホーム型」の仮設住宅は、入居者の満足度は高かったようです。

　1棟当たり10戸から20戸程度で構成され、各戸はトイレ、洗面台、押入れ

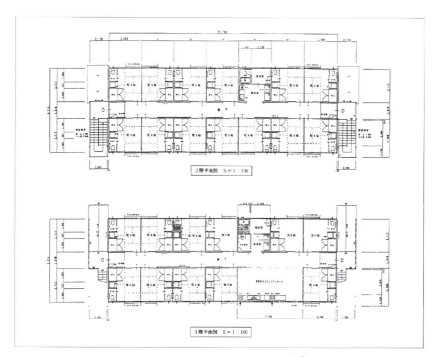

図3-6 地域型仮設住宅標準間取り図[5]

を備えた4.5畳〜6畳程度の広さで、共有スペースにはキッチン、リビングダイニング、浴室、常駐するLSAの執務室兼宿直室が設けられています。平屋建てと2階建てのタイプがありました（図3-6）。

運営は、社会福祉法人などが行い、調理などの家事援助、食事・入浴介助、通院介助、セラピー、健康相談、外出・外食への同伴など、さまざまな生活支援サービスが提供されました。

(3)「ふれあいセンター」の設置

阪神・淡路大震災では当初、仮設住宅団地に集会所は計画されていませんでしたが、1995年5月、仮設住宅団地内にコミュニティ形成を目的とした集会施設「ふれあいセンター」の設置が決まりました。設置基準は、100戸以上の団地に一か所で（のちに50戸以上に緩和）、232か所で設置されました。

図3-7　ふれあいセンターでの交流の様子[6]

「ふれあいセンター」は、給湯室、高齢者に配慮した車椅子用トイレ、集会室、事務室兼相談室、休憩室（和室）などを備え、さまざまな活動の拠点となりました。行政情報の提供、相談などの生活支援アドバイス、保健師などによる健康づくりの指導、住民自治組織・ボランティア団体の活動拠点、仮設住宅でのコミュニティづくり（図3-7参照）など、多岐にわたる役割を果たしました。この「ふれあいセンター」の機能は、復興公営住宅においても「コミュニティプラザ」として受け継がれ、高齢入居者の支援やコミュニティづくりの拠点として標準設置されるに至っています。仮設市街地の取り組みが「まち」として必要な機能を浮き彫りにしたと言えるでしょう。

　また、「ふれあいセンター」で明らかになった集会所機能の重要性を踏まえ、2000年の厚生省（当時）の告示で、仮設住宅を50戸以上同一地域または近隣に設置した場合、集会所を設置できることが定められ、以後の災害では、仮設住宅と同時に集会施設が設置されるようになりました。2004年の中越地震の際には、この集会所機能にデイサービス機能も加味したサポートセンター（サポート拠点）が設置され、非常に有効に機能しました。

仮設商店街など

　阪神・淡路大震災では、震災による建物被害に加え、その後に発生した市街地大火の影響もあり、デパート、商店街、小売市場などの商業施設にも甚大な被害をもたらしました。神戸市では一部損壊以上の被害を受けた商店な

とは6割以上に達したとされ、特に灘区・長田区での被害が甚大でした。

　当時、共同仮設店舗の設置に対する補助制度は設けられていませんでしたが、旧中小企業事業団の高度化資金貸付制度に、仮設店舗の建設費用が貸付対象となる制度が創設されました。被災市町でも被災した商業者5人以上が共同仮設店舗を設置する場合の補助制度が創設され、兵庫県も併せて補助する仕組みが整えられました。これらの制度を活用し、高度化資金では2団体・27店舗、補助制度では51団体・538店舗が共同仮設店舗を建設しています。なお、補助制度などの活用を検討する中で、再建を断念する商業者も少なくなかったようです。

　仮設店舗については、本格復旧を前提に一体的に取り組むものから、個別に仮設店舗を建設するものまでいろいろなケースがありますが、以下では、本格復旧を見据えた「復興元気村パラール」と、ひとまず仮設での営業再開にこぎつけた「菅原市場」の事例を整理します。いずれも復興都市計画事業が展開された地区に立地するものです。

(1) 復興元気村パラール

「復興元気村パラール」は、阪神・淡路大震災の復興過程において成功を収めた仮設店舗の代表事例とされています。JR新長田駅のほど近く、地域を代表する商業施設であった神戸デパートが震災で閉店した跡地などにつくられました。

　発災1か月後に地元のまちづくり協議会が発足、協議会主導の官民連携体制を構築し、被災建物の解体・撤去作業を進めるかたわら、権利者との借地交渉を行いました。最終的に約1万㎡の土地を借り上げ、仮設店舗の建設・入居・運営の調整を行い、発災後5ヶ月弱で仮設店舗「復興元気村パラール」の営業が開始されました（図3-8）。キーテナントにダイエーを擁する80店舗（最終的には100店舗）の大型仮設商店街です。行政を待たずに商業者が自ら主体的に動いたことで、このようなスケールの仮設店舗の早期実現が可能となったと言えるでしょう。営業面でも多様な工夫を行っています（表3-2）。

図3-8　テントが印象的な「復興元気村パラール」[7]

表3-2　営業面での工夫など[8]

○**仮設住宅の併設**
・周辺に住民がいなければ商業は成立しないとの考えから敷地内に2階建て仮設住宅（104戸）を建設
○**駐車場事業の展開**
・利用者の利便性と収益性の向上
○**キーテナントの誘致と店舗の集約**
・店舗の密度が重要との考えから店舗を集約、近傍で被災したダイエーをキーテナントに誘致
○**魅力的・印象的な空間形成**
・空間に魅力を与え、街なかでも目立つテントの採用

　約5年後の1999年に約半数の店舗が再開発ビルに移り、トレードマークのテントは撤去されました。引き続き仮設店舗で営業を続ける店舗もありましたが、2004年初頭に仮設店舗の部分は完全に閉鎖されました。

図3-9　仮設店舗の「菅原市場」[9]

（2）菅原市場

　菅原市場は、関西特有の小売市場（生鮮品関係の小売店集積）で、大正9年に成立した歴史ある市場でした。戦災神戸市でも被害の大きかった長田区の木造住宅密集地に立地しており、ほぼ全焼の被災となりました。

　復興計画の中で、市場の跡地に公園が計画され、商店街も縮小を受け入れざるを得ない状況でしたが、事業継続を希望する22名が無利子融資を受けながら自力で仮設店舗（1階を店舗、2階を住宅）を建設し、震災から4ヶ月を経た5月25日に営業再開にこぎつけています（図3-9）。

　地域では復興土地区画整理事業が実施される中、本格的な再建に向けた検討会の結果、5名で従来の対面販売型の市場からいわゆるスーパー型の共同店舗として再開することとなりました。約5年の仮設店舗による営業を経て、本設の共同店舗「味彩館Sugahara」が2000年11月に営業を開始しています。

設市街地の計画・設計面での特徴

　阪神・淡路大震災の復興過程における仮設市街地の計画・設計面などでの特徴として、以下の諸点を指摘できます。

○画一型の仮設住宅の大量供給

- 大都市を直撃した震災であり、仮設住宅を希望する全ての被災者に急ぎ仮設住宅を供給する必要があったため、質よりも量とスピードに注力せざるを得なかった。家族類型に応じた住戸タイプのバリエーションなどへの配慮は難しく、画一的な間取りの仮設住宅を大量に供給することとなった。
- プライバシーもなく環境も劣悪な避難所から、仮設的なシェルターを緊急に供給することが、応急仮設住宅の一義的な目的であることは確かだが、一方で、想定されている2年間よりも遥かに長期にわたって仮設住宅を暮らしの場とせざるを得ない現実を鑑みれば（阪神・淡路大震災では最長5年間）、仮設住宅の目的や供給の理念などが再考されてよいのではないか。

○地域型仮設住宅の展開とふれあいセンターの設置

- わが国は1995年の国勢調査で高齢化率が14％を超えており、いわゆる高齢社会に踏み込んだ中での災害で、高齢者対応は避けられない課題であった。仮設住宅の供給過程において、高齢者などへの日常的なケアの視点を織り込んだ地域型仮設住宅が供給されたのは、意義深いことだった。また、一定規模以上の仮設住宅団地に集会施設「ふれあいセンター」を設置し、居住者の交流や生活支援などに効果を発揮した。これらの取り組みは、今日のコミュニティケア型仮設住宅へと続く萌芽として評価されてよい。

○仮設店舗の試み

- 阪神・淡路大震災では、いち早く復興都市計画事業（土地区画整理事業、市街地再開発事業）の計画が立案されたが、その検討及び合意形成プロセスと歩みを重ねるように、仮設建物による商店街再建に向けた商業者たちが少なからずいた。それを受け止める形で、資金貸付や助成などの支援制度が創設された。商業者のやる気が最も重要な要因ではあるが、それを後押しする仕組みを備えられたのは成果であった。仮設住宅と一体として考えられた仮設商店街の例も見られ、諸機能を併せ持つ仮設市街地の必要性が実感されたことがうかがえる。

2　東日本大震災における仮設市街地

　ここでは、さまざまな仮設市街地の供給努力が展開された東日本大震災における仮設市街地の状況を整理します。東日本大震災は、2011年3月11日午後2時46分に発生、マグニチュード9.0、最大震度7、大津波を伴ったことで、死者19,689人（災害関連死を含む）・行方不明者2,563人、住家被害（全壊）は121,995棟となっています。福島第一原子力発電所の事故などもあり、発災から8年が経過してもなお5万人の避難者がいます（2019年3月1日現在）。

応急仮設住宅など

（1）多様な応急仮設住宅

　東日本大震災では、巨大な津波とそれが引き起こした火災により、非常に広範囲にわたって大量の住宅の流失・焼失が発生しました。津波被害のあった海岸近くの市街地や集落では、仮設住宅をはじめとする建物の再建を行うことはできず、入り組んだリアス式海岸のエリアでは、建物の建設に適した平場にも限りがありました。交通網の寸断も随所で見られ、応急仮設住宅の供給には、これまでの災害と比してかなり長期間を要することとなりました。

　そのような中、プレハブ建築協会を通じた仮設住宅の供給と並行して、さまざまな仮設住宅の供給が試みられました。仮設住宅の供給のあり方と、供給される仮設住宅のタイプが、多様に展開されたのが東日本大震災の特徴と言えるでしょう。以下では、特徴的な事例を整理します。

（2）住田町独自の仮設住宅

　住田町独自の判断で仮設住宅を供給した事例です。予算は町長の専決処分で措置されています。

　林業のまちである住田町では、以前より国産木材を活用した仮設住宅キットの開発に取り組んでいました。その備えが奏功して極めて早い時期（3月22日）に着工することができました。地元の気仙杉を活用し、内装も床も無垢材で仕上げられた魅力的な仮設住宅であり（図3-10）、供給時期が早かったことともあいまって、沿岸の津波被災地からは遠く離れた内陸部にも関わらず、93戸の仮設住宅はすぐに入居者が決まっています。立地の不利さを補って余り

図3-10　住田町独自の仮設住宅[10]

ある魅力が住宅そのものにあったと言えるでしょう。隣接する陸前高田市においても60戸の仮設住宅が供給されています。

　また、この住田町仮設住宅は、地元工務店により建設されたものであり、次に述べる地元工務店などによる提案型仮設住宅の供給への道を切り開いた点も特筆に値します。

(3) 地元業者による提案型木造仮設住宅
　従来、ほとんどの応急仮設住宅はプレハブ建築協会の会員企業によって建設されています。それは東日本大震災でも同じですが、今回、被災3県による公募により、中小の地元工務店などにも仮設住宅を供給する機会が開かれました。被災地域の復興支援や雇用創出の観点から、地域材を活用した木造仮設住宅の公募が行われ、約9千戸に及ぶ仮設住宅の供給がなされました。その機運を高めたのが、住田町の英断だと言えるでしょう。

　これらの提案型木造仮設住宅は、間取りなどは従来型に準じていますが、2つの居室の1室を畳敷きにし、床や内装にもふんだんに木材を使うなど、住み心地のよさそうな住宅が多く提案、供給されました(図3-11)。また、地元工務

図3-11 地元業者などを活用した提案型木造仮設住宅[10]

店が施工することから、迅速で大量の住宅供給は難しいですが、その分、狭かったり地形の制約があったりする用地でも工事ができ、きめ細かくバリアフリー化に対応することなども可能です。コミュニティ形成にも配慮があります。仮設住宅で長く暮らさざるを得ないとすれば、初動の迅速さよりも、愛着が持て、細部にも配慮の行き届いた仮設住宅に暮らすことの方が、利が大きいようにも思われます。そういう意味では、今回の震災復興において、提案型木造仮設住宅の流れが生じたことは評価されてよいと思います。特に、グループホーム型仮設住宅などでは、このような丁寧な取り組みで供給されることが望ましいと考えられます。

(4) 多層コンテナ仮設住宅の提案

甚大な被害を受けた宮城県女川町では、仮設住宅用地が不足しており、必要数の仮設住宅の建設が困難だという問題を抱えていました。コンテナを利用した仮設住宅を積層化し、戸数密度を高くすることで、供給数不足に対応するという、ある意味では問題に対する都市的な解決策として提案され、実現したものです。海上輸送用コンテナ（20ft）を市松模様に積み上げて2・3階

図3-12　コンテナを積層した仮設住宅

図3-13　デザインされた交流施設

建ての仮設住宅とするもので、わが国では前例がありませんでしたが、行政の英断もあって実現されました。デザイン的にも非常に魅力的な空間が形成されています（図3-12）。

　また、この仮設住宅地には、併せてテントによるマーケット空間、子どもアトリエ、集会所などが、いずれも建築家（坂茂氏）の手による魅力的な空間

として整備されている点も特筆に値します（図3-13）。

(5) ケアやコミュニティ施設への配慮

　高齢化が進展していた被災地では、高齢者福祉の観点は従来にもまして重要です。また、緊密なコミュニティの中で暮らしを営んでいた被災集落なども多く、できるだけ暖かなコミュニティの中で復旧の過程を歩むことは、孤独死の防止などの観点からも重要なテーマでした。ケア施設やグループホームなども被災しており、その受け皿の用意も求められていました。従来の枠組みにさまざまな工夫を重ね合わせながら、ケアやコミュニティに配慮した仮設住宅地の形成が試みられています。

(6) サポートセンターとグループホーム型仮設住宅

　中越地震（2004年）の際に、仮設住宅団地に集会所機能を強化したサポートセンター（サポート拠点）を設置し、高齢者などに対する生活支援サービスを提供する取り組みがなされ、効果を上げていました。また、グループホーム型仮設住宅（福祉仮設住宅）も、阪神・淡路大震災で先例となる取り組みが評価されていました。東日本大震災では、発災後1ヶ月の時点で、これらの先例となる取り組みを参考とするよう、厚生労働省から「応急仮設住宅地域における高齢者等のサポート拠点等の設置について」という通知が発出されており、サポートセンターやグループホーム型仮設住宅の整備が進められました（図3-14）。

　サポートセンター（サポート拠点）では、総合相談、見守り、デイサービス、配食サービス、子どもの一時預かり、浴室の仮設住宅居住者への開放、交流活動などのサービスが提供され、要介護高齢者や障害者などの日常生活支援、仮設住宅居住者の生活支援などが行われています。

　グループホーム型仮設住宅は、日常生活に配慮を要する高齢者たちが共同で住まう場であり、バリアフリーへの配慮がなされています。大きく2種類あり、被災した介護施設の要望を受けて整備され、介護保険に基づく介護サービスが提供される「仮設施設」と、生活援助員の見守りやサポートが行われる「ケア付き仮設」です。東日本大震災では、前者の「仮設施設」のタイプが大部分を占めました。

図3-14　サポートセンターとグループホーム型仮設住宅[10]

(7) コミュニティケア型仮設住宅地

　東京大学の学際研究組織である高齢社会総合研究機構は、東日本大震災で大量の仮設住宅団地が必要となることを見越して、コミュニティケア型仮設住宅の検討、提案を行いました。この提案は、遠野市と釜石市で実現されました。以下では釜石市の例を紹介しましょう。

　団地内にケアゾーンを設定し、ケアゾーン内の仮設住宅には車椅子で玄関まで行けるデッキを設けてバリアフリー化を実現するとともに、住棟を南面平行配置にせず玄関を向かい合わせに配置し、共用廊下からアプローチするように計画されています。共用廊下にはポリカーボネートの屋根をかけ、ダイニングや単身世帯であれば寝室を廊下に向けて配置するなど、この空間が

図3-15　釜石市平田仮設住宅団地[11]

緩やかにコミュニティを育むような仕掛けを施しています。団地内には、その他に一般住棟ゾーン、子育てゾーンが配置され、多世代にわたる住民の生活が営まれる場として計画されています。さらに、集会所機能を持つサポートセンター、仮設店舗、診療所、アスレチックなどの生活支援機能を取り入れ、団地内にバス停（バスロータリー）も引き込むなど、暮らしやすい「まち」に近づける努力が積み重ねられています。後述する「みんなの家」も建設され、住民同士やボランティア、視察団などとの交流の場として親しまれています。仮設住宅を中心とした仮設市街地のひとつの典型例と評価できるでしょう（図3-15）。

図3-16　陸前高田市のみんなの家

(8)「みんなの家」プロジェクト

「みんなの家」プロジェクトは、建築家グループの呼びかけにより、東日本大震災の被災者が憩い、復興について語り合う拠点の場をつくることを目指して進められたプロジェクトです。2011年10月に宮城県仙台市宮城野区に第1号が完成し、以後、釜石市、東松島市、陸前高田市などで「みんなの家」が建てられています。このうち、陸前高田市に建設された「みんなの家」はベネチア国際建築展で金獅子賞を受賞しています(図3-16、3-17)。

「みんなの家」は、家とコミュニティを失ってしまった被災者に、人が集まり安らぎを得られる場所、人が集い、励まし合うための場所をつくりあげようという試みです。住民や多くの協力者を巻き込みながら、建物だけでなく、人のつながりをも生み出していくもので、場づくりであり、人づくりであるようなプロジェクトです。これまで供給されてきたような仮設集会所とは明らかに一線を画した施設だと言えるでしょう。そのような空間とプロセス、仕組みを実現したことに価値があるように思われます。

図3-17　交流の場となるみんなの家(釜石市平田地区)

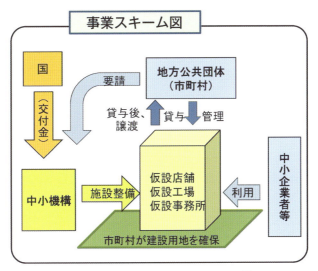

図3-18　仮設施設整備事業のスキーム[12]

仮設商店街など

（1）仮設施設整備事業の概要

すでに見たように、阪神・淡路大震災では、発災当時には仮設店舗の整備を支援する公的制度は整っていませんでしたが、その後、旧中小企業事業団や行政の助成制度が用意されるようになりました。現在では、中小企業基盤整備機構による「仮設施設整備事業」が用意されており、東日本大震災でも適用されています。

仮設施設整備事業のスキームは、市町村からの要請を受けた中小企業基盤整備機構が仮設施設を整備し、自治体に無償で貸与、その後1年以内に自治体に無償譲渡するというものです（図3-18）。建設用地の確保などは地方公共団体が行います。商業者などは地方公共団体と契約を結び入居することになり、賃料は原則として無料とされています。建設費、家賃を負担せずに商業を再開できる支援制度です。供給される仮設施設のタイプは、工場タイプ、店舗・事務所タイプ、倉庫付き独立店舗タイプの大きく3種類となっています。

この事業を活用し、これまでに648箇所・1,274棟の仮設施設（仮設店舗、仮設工場など）が建設されています（2019年6月末現在）。このうち被災3県が619箇所・1,239棟と大部分を占めています。

図3-19　仮設商店街「たろちゃんハウス」

(2) 仮設商店街

　仮設施設整備事業などを活用し、被災3県で70の仮設商店街が整備されました。発災から8年を経過して、その多くは役割を終え、2018年12月末時点では15商店街が運営されています。

　これらの仮設商店街は、漁港で働く人などを対象とする数軒のものから、全国各地から観光客が訪れる大規模なまでさまざまでした。以下に、特徴的な事例を紹介します。

　①たろちゃんハウス（岩手県宮古市田老）

「万里の長城」と称され、世界に誇る防災施設として視察者も多かった田老の防潮堤も、東日本大震災の巨大津波を食い止めることはできず、田老地区は大きな被害を受けました。近傍の保養施設であるグリーンピア三陸みやこに約400戸の仮設住宅が配置されました。そこに併設された仮設商店街が「たろちゃんハウス」です。プレハブの2階建てに、食料品などの小売店舗、飲食店、理髪店、美容室、学習塾などが入居し、仮設住宅団地に暮らす1,000名の入居者をはじめとする人々の暮らしを支えました（図3-19）。住宅と商業がセットで配置されたことが重要です。

　②南三陸さんさん商店街（宮城県南三陸町志津川）

　最大20m超の津波に襲われ、全てを流失した南三陸町志津川商店街は、町

図3-20　仮設商店街「南三陸さんさん商店街」

の二大商業地区の1つで（もう1つは伊里前商店街）、その仮設商店街による復旧は精力的に進められました。「南三陸さんさん商店街」は、鉄筋構造1階建て、35区画、1,583㎡で2012年1月に完成しています。生活に必要な衣料品、食料品、電気店、水産加工品店、菓子店などの小売店、食堂や蕎麦屋、創作料理屋などの飲食店、理容店・美容店、整骨院、観光協会など、30を超える店舗が並びました（図3-20）。

　ステージを併設したフードコートが設置されているのが特徴で、復興のシンボル的な存在として広く知れわたった「南三陸キラキラ丼」を目当てとする観光客が多く、住民の生活利便を支える商店街という性格だけではなく、一大観光拠点としての性格も持つこととなりました。被災者の生活利便の回復だけでなく、被災地の経済活性化の観点からも、仮設市街地による速やかな商業・産業の再建が重要であることを示した事例です。

3章　東京区部における仮設市街地　　73

仮設市街地の計画・設計面での特徴

　東日本大震災の復興過程における仮設市街地の計画・設計面などでの特徴として、以下の諸点が指摘できます。

○仮設住宅供給における多様性の開花
- 大量の仮設住宅を供給するに当たり、住宅タイプとしても供給手法としても多様性のある仮設住宅が供給されたことが特徴的である。特に、地元工務店などによる木造系仮設住宅の提案は、地域の気候風土や地場産業にも馴染み、入居者の心情にも寄り添った興味深い取り組みである。また、いわゆる「見なし仮設住宅」の積極的な活用も従来にはなかった展開であった。
- 仮設住宅で、決して短いとは言えない生活を送ることを考えれば、供給される住宅のクオリティやストーリーも、スピードに負けず劣らぬ切実性があるように思われる。この方向の研究や試行が期待される。

○「まち」に近づいた仮設住宅団地
- 遠野市と釜石市で実践されたコミュニティケア型仮設住宅団地の例は、備えられた各種機能の適切さと空間の質の高さで、仮設住宅団地の画期をなす取り組みであったと評価できる。「まち」を仮設し、トータルな暮らしを提供するという考え方に、わが国の災害救助が向かう契機となり得る。
- 今回の震災で、新たに「みんなの家」という公共性の高い交流施設が位置づけられたと言える。施設自体は非常に小さいが、被災者同士を結びつけ、被災地と他所を結びつける上で果たした役割は大きい。

○個性的な魅力を放つ仮設商店街などの展開
- 阪神・淡路大震災の時とは異なり、中小企業基盤整備機構の仮設施設整備事業により、商業者が施設に関する初期投資なしで営業を再開することが可能となり、多くの魅力的な仮設商店街が創出された。仮設時期における地域と人々を活気づける上で、仮設商店街が充実する意義は大きい。
- 仮設商店街などが、インターネットによる情報の受発信などを通じて、遠隔地からの来訪者や協力者が現れるなど、居住者の生活利便を支えるだけにとどまらない広がりを見せたのも特徴的である。仮設商店街や漁業をはじめとする産業再建の過程そのものが、観光資源となることが示された。

3-3　仮設市街地のケーススタディ

　仮設市街地の実例はまだ現れてはいません。これまで被災地では、被災した後に緊急を要する仮設住宅を建て、次いで避難生活に不便を帰さないよう仮設店舗が続けて建てられました。時には行政サービスの支所的なものもありました。被災地では土地が少ないこともあって、これらはみなばらばらに建てられ、被災者たちの生活上の不便さはいうまでもありませんでした。仮設住宅や仮設店舗、仮設の行政支所などが一箇所に集中して建てられるケースは極めて少なかったのではないかと見受けられます。

　提案している「仮設市街地」でいう「市街地」は、仮設住宅や仮設店舗の基礎的な生活支援機能をはじめ、被災をうけても被災前と出来るだけでも同じような生活サービスを短時間のうちに復旧をし、自在に受けられるような「街」のことを指しています。そのような街を被災前にあらかじめ作り出せるようにしておこうではないか……ということを訴えています。

　そのため、この章では、ケーススタディとして都内の3つの地区を選び、検討を加えました。ケーススタディ地区は、以下の3地区になります。

　ケース1：江東区木場公園（約24ha）
　ケース2：杉並区桃井原っぱ公園（約4ha）
　ケース3：港区芝公園（約33ha）

　それぞれに地区がおかれた背景や特徴、被災の想定は違いますが、できるだけ地区の特性に合わせた検討を行いました。

　特に、仮設市街地は被災後直ちにできるというものではなく、あらかじめ時間がかかることを事前的に読み込んだ上で、段階的に仮設市街地が作られるシナリオを元に整理しました。

1　ケーススタディその1
対象地区の設定
（1）対象地区の設定
　対象地区は、江東区内の都市計画公園「都立木場公園（きばこうえん）」としました。主な概要は次のとおりです。
【住所】江東区木場四・五丁目、平野四丁目
【面積】約24.2ha（238,711.13㎡）
【公園の位置づけ】東京都都市計画公園、第5・5・33号木場公園（昭和53年2月21日告示）
【開園日】1992年6月1日
【アクセス】電車：東京メトロ東西線「木場」徒歩5分、都営大江戸線・東京メトロ半蔵門線「清澄白河」徒歩15分、都営地下鉄新宿線「菊川」徒歩15分。都バス：とうきょうスカイツリー駅・深川車庫（業10）、錦糸町駅（東20）、木場四丁目または東京都現代美術館下車

（2）検討する仮設市街地タイプの特徴
　対象地区「都立木場公園」の仮設市街地タイプの特徴は、仮設市街地の基礎的施設の立地をはじめ、特に災害救援用の空間確保が容易である点が挙げられます。
・公園用地であり、一団の土地としてまとまりをもっている
・面積が約24haあり、仮設市街地に必要な基礎的施設の仮設住宅、仮設店舗、仮設診療施設、各種行政機能などの立地がしやすい
・交通アクセス条件に恵まれており、救援・救護、復旧支援のために利用しやすい
・特に、消防・警察、自衛隊などの機動的な活動のための基地的機能を設置しやすい

図3-21　木場公園周辺の概要

対象地区の概要

(1) 対象地区（木場公園）の位置

　江東区は東西を荒川と隅田川に挟まれ、南側は東京港に開けた位置にあります。江東区内の陸側ほぼ中央に対象地区の都市計画公園「都立木場公園（きばこうえん）」が位置しており、区内の陸側地域からはアクセスしやすい位置にあります。

　木場公園は仙台堀川を挟んで南北に分かれた公園です。最寄り駅は地下鉄東西線木場駅で徒歩にて北上し、約5分と近接しています。

　また、地区公園内の地下には、都営大江戸線の地下車庫（「木場車両検修場」）があり、清澄白河駅側から引き込み線が地区内に入っています。さらに、公園南西側の道路には、高速9号深川線の木場出入口があります（図3-21）。

　このように、当公園の交通アクセスは、鉄道・道路（高速）が極めて接近した位置に存在しています。また、公園内には東京都現代美術館があり多くの来館者を集めています。

3章　東京区部における仮設市街地

表3-3 木場公園の沿革

年次	西暦	主な出来事
昭和44年	1969年	江東再開発構想により防災拠点として位置づけられる
昭和52～53年	1977～78年	昭和天皇御在位五十年記念公園として指定を受け、昭和52度末から用地取得に着手 木場地区に多くあった木材関連業者の貯木場としての機能が新木場地区へ移転したことを機に公園整備
昭和53年	1978年	東京都告示165号木場園として都市計画決定（当初）
昭和55年	1980年	木場公園を中心とする約77haの区域について特定住宅市街地整備「促進事業（通称モデル事業）」の整備計画決定
昭和63年	1988年	用地買収完了
平成4年	1992年	開園 (19.3ha)
平成5年	1993年	追加開園 (874㎡)
平成7年	1995年	東京都現代美術館オープン、追加開園 (23,829.09㎡)
平成9年	1997年	追加開園 (3,789.62㎡)
平成11年	1999年	緑の相談所が閉鎖
平成12年	2000年	都市緑化植物園オープン 大江戸線開業に伴い光が丘車両検修場（高松検修場）と当木場地区とを統合した木場検修場
平成21年	2009年	ドッグラン開設

(2) 木場公園の概況

①木場公園の沿革

木場公園は、広域的な防災計画の中で生み出されました。それが1969年の「江東再開発構想」でした。以来、用地取得や事業手法の検討を経て、1992年に開園しました。その後、東京現代美術館などの追加開園が続き、現在に至っています（表3-3）。

②公園内の土地利用

公園内の土地利用は、3つのゾーンごとに利用形態が分かれています。

・当公園は貯木場としてのいわゆる木場の跡地を整備してできた公園で、南北に細長い矩形形状であるが、ほぼ中央部で東西方向の仙台堀川と道路（葛西橋通りなど）により3つのゾーンに分かれている（図3-22）。

・公園を含む一帯は再開発事業により区域内が整地・整形されているため、従来からの施設や植物などは残存していない。公園内の施設や植物は殆ど公園事業として新規に導入、設置されたものである。

・当公園を含む江東デルタ地域での自然的要因としては、仙台堀川、大横

図3-22 木場公園現況平面図[13]

表3-4 木場公園月別及び年間利用者数[13]

月	4月	5月	6月	7月	8月	9月
利用者数	285,759	356,473	134,827	127,304	108,608	254,342
月	10月	11月	12月	1月	2月	3月
利用者数	705,375	228,506	133,335	143,982	96,718	206,195
年間利用者数						2,781,424

(2013年度・推計値)

川などの運河網が発達していることがあげられ、オープンスペースの少ない地区としては貴重な自然的要素である。

③公園の利用状況

年間利用者数は、公共交通手段で近隣の現代美術館や清澄庭園、江戸深川博物館などを利用する際に、本公園に立ち寄る遠方からの利用者もあって、2013年度値では、約280万人（表3-4）に上ります。

3章 東京区部における仮設市街地　79

(2) 都市防災上の位置付けと災害時の活用イメージ
　①江東再開発基本構想
　木場公園の誕生の背景は次のように整理されます。
　江東区と墨田区は、沖積低地と埋め立ての土地が広がる軟弱地盤の地質であることから、当時工場が集積していたこの地域では、工場による地下水汲み上げによって地盤沈下が進行しました。その結果、0（ゼロ）メートル地帯が広がり、その土地の上に商業・住宅・工場の多用途の木造建物が混在密集することとなり、都市の防災上多くの問題を抱えていました。

　そこで、この地域の工場などの移転促進を図って再開発を行うため、1969年都市改造会議で「江東区再開発基本構想」（東京都首都整備局、1972年）が決定されました。その内容は、この地域に6つの地区の再開発を行い防災性能の向上を図ろうとする計画でした。その6つとは、①白髭地区、②亀戸・大島・小松川地区、③木場地区、④四ツ木地区、⑤両国地区、⑥中央（錦糸町周辺）地区でした（図3-23）。

　木場地区は、木材関係産業が多く集まっており、東京都が臨海埋立地に新たな移転先（新木場地区）を確保することにより、木材業者の移転促進を進めました。その結果、移転は1976年に終了し、その跡地などを集約して「都立木場公園」が1992（平成4）年に開園することとなりました。

　②災害時の活用イメージ
　このように木場公園地区は、災害時の防災機能を発揮するため、東京都地域防災計画及び江東区地域防災計画における防災上の位置づけをふまえ、地元自治体や関係機関と連携した防災訓練の充実、

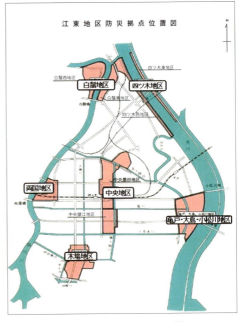

図3-23　江東再開発構想[14]

発災時に救援部隊を支援する体制の構築、非常用発電設備などの導入による防災関連施設の更なる機能強化・充実を図ることとされています。

公園の災害時の活用イメージは、公園内各場所を想定した表3-5のような主な取り組みが行われるものと想定されます。

表3-5 木場公園の災害時活用イメージ[15]

○**大規模救出活動拠点候補地**

　警察、消防、自衛隊、海上保安庁等の救出救助機関が、都内で救出救助活動を円滑に展開できるようにするため、**ベースキャンプ、ヘリコプターの離着陸スペース、集結拠点等となる大規模救出救助活動拠点**（以下「活動拠点」という。）について、現在、立川地域防災センターのほか、11か所の都立公園と21か所の清掃工場を指定。

　また、活動拠点の運営等利用計画については、「都立公園を活用した災害時活動拠点利用計画」及び「特別区の区域における清掃工場を活用した災害時活動拠点計画」（以下「活動拠点計画」という。）に定める。

○**ヘリコプター離発着候補地**

　多目的広場については、東京都地域防災計画で救出・救助の活動拠点、医療機関近接ヘリコプター緊急離着陸場・災害時臨時離着陸場候補地に指定。

○**医療活動スペース**

　活動拠点は、ベースキャンプ、ヘリコプターの離着陸スペース、集結拠点のほか、使用機関の指揮所、車両基地、船舶活動スペースとして活用するほか、自衛隊等の野外医療のシステムが設置される場合にあっては、医療活動スペースとしても活用する。

○**救援活動の本部機能**

　陸上部における活動拠点の利用決定及び運営については、活動拠点計画に基づき、本部長（知事）が活動拠点の使用について決定し、都本部が活動拠点の運営に係る指揮命令を行う。

　また、都本部は、活動拠点の運営に必要な要員（現地機動班等）を配置する。

表3-6 木場公園を含む地域の「地域危険度(町丁別)」[16]

	建物倒壊	火災危険度	総合危険度	
平野3丁目	2	2	2	
平野4丁目	2	1	1	木場公園
三好3丁目	4	3	3	深川資料館通り南
三好4丁目	3	2	2	都美術館含む
千石1丁目	3	2	3	
木場2丁目	2	2	2	
木場3丁目	2	2	2	
木場4丁目	1	1	1	木場公園
木場5丁目	3	2	2	木場駅北
東陽3丁目	3	2	3	
東陽5丁目	3	2	2	
東陽6丁目	1	1	1	豊住給水所

(3) 地域危険度・水害ハザードへの対応

　木場公園の拠点的な防災対応機能に加えて、地域の火災や地震による建物倒壊などや水害発生による被災者の避難場所としての活用もあります。ここでは、地域の災害危険度や水害ハザードがどのように地区に対して危険性を示しているかを見ることにします。

①域防災危険度

　火災や地震による建物倒壊などの地域の危険度を測定した「地域危険度(町丁別)」があります(表3-6)。

　木場公園地区の周辺について、地域危険度がどのような状態にあるかを見てみましょう。

　当地区周辺の地域危険度マップをみると、建物倒壊危険度でランク4を示す三好3丁目以外は、ランク1〜3に分布しています。江東区の東側地域では総合危険度が「5」を示す地区もあり、当地区は比較的に安全な地区として測定されています(図3-24)。

　ここから、地域危険度に対する当地区の役割は、局所的な対応は木場公園

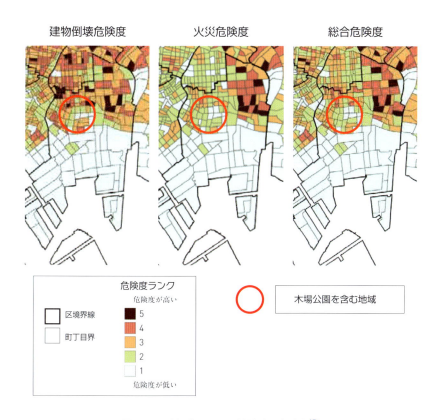

図3-24　木場公園周辺の地域防災危険度[17]

に隣接した北西側の三好3丁目地区に対して行い、地区の遠方東側で生じた被災に対する対策を行うことが必要になることと考えればよいでしょう。

②水害ハザード（大雨浸水、洪水）への対応

大雨浸水ハザードマップによれば、木場公園周辺は外周が浸水1m以上となる恐れがある地区として示され、2mを超えるまでには至っていない地区となっています。

しかし、仔細に見ると、公園南東側の東陽町駅近辺、北東側の川南地区などでは2mを超える箇所も見られることから、注意が必要な地区といえるでしょう

木場地区のケーススタディ

（1）シナリオの設定

　以上の前提条件の整理をふまえると、シナリオ設定にあたっては次のような点を考慮しました。

> - 地区の周辺は住宅地であり、災害危険度も概ね低く、大きな被害を受ける地域ではない。
> - 東京都の危険度マップや首都直下被害からは、地区直近周辺部での大規模な被害は想定しづらい。あえてあげれば、水害対策である。
> - このため、地域防災計画で位置付けられている広域的な避難場所としての役割をクローズアップさせ、大規模救出救助活動拠点候補地としての機能をより高度に高めていくことに重点を置く。
> - すなわち活動拠点としての多目的広場を中心に、医療機関近接ヘリコプター緊急離着陸場候補地、災害時臨時離着陸場候補地を装備する。
> - 期間的には、短期的には救出救助活動拠点、中期から長期にかけては、周辺の自力的な復旧が進むための仮設住宅地や仮設市街地形成を図るものとし、段階的な整備とする。

　こうした考えにもとづき、ケーススタディのシナリオを次のように設定します。

　まず、時間的な変化を基調におきます。被災に伴う災害復旧ニーズの変化の機会を捉えて、地区内を段階的に整備していきます。当初の公園利用のままでも災害時の臨時対応機能を投入できる空間利用を進め、時間の経過とともに住宅や市街地利用が図れる利用を進めていく考え方とします。

　こうして作られる当地区のケーススタディシナリオは、災害に伴う時限的で応急臨戦基地的な利用からはじめ、その役割は短期的なものであるために収束に向かうにつれて仮設市街地利用へと変化していきます。当公園がもつ広域防災拠点としての機能は極めて重要ですから、最終的には元の公園（緊急災害時に対応可能なように）利用に戻していくことにします。

(2) 利用ゾーニングの設定
①5つのゾーン設定
次の5つの利用ゾーンが設定されました（図3-25）。

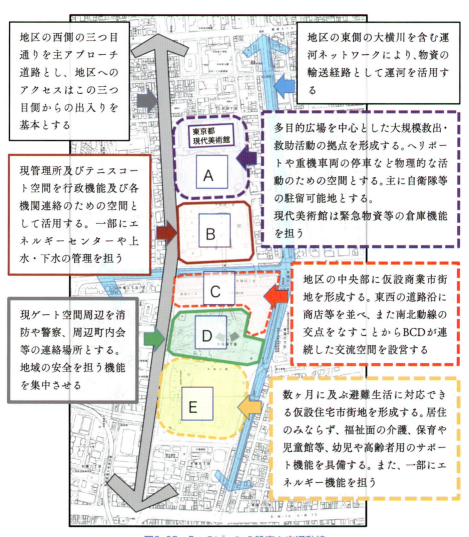

図3-25　5つのゾーンの設定と交通動線

②第1次利用イメージ

始動期に行われる第1次利用イメージは、次のようになります(図3-26)。
第1次利用は、北側多目的広場を当てます。
・面積約3ha
・「大規模救出・救助活動拠点」を開設する。
・西側「三つ目通り」からのアクセスを主とする
・また、地下鉄大江戸線を活用し、練馬駐屯地から当地区まで自衛隊部隊を運び、当地区で展開する。

・救出・救助拠点を形成する。
・現在の多目的広場を中心に、発災から1週間をめどに集中的な活動拠点を形成する。
・地区内の他では緊急時対応以外は整備できない(地域全体が被災状態のため、その時点では空間としてあけておく)

図3-26 第1次利用イメージ

③第2次利用イメージ

第2次利用イメージは、北側に行政被災者対応の行政サービス活動の拠点を形成します（図3-27）。

第2次利用は、北側行政サービス機能の充実を中心に展開します。
・北側地区は面積約4haで、防災関係の各種機関が設営できる空間とする
・南側地区は、行政系として警察や消防などの公的機関の設備などが充当できる。
・これらの設営は「三つ目通り側」を中心に展開する。

図3-27　第2次利用イメージ

③第3次利用イメージ

第3次利用イメージは、北側はほぼ完成し、南地区で仮設市街地形成が進む段階となります（図3-28）。

第3次利用は、北地区がほぼ完成の段階に入っています。南地区は、この段階から仮設市街地形成が進みます。
・南側地区は商業系集積
・仮設住宅の建設開始。
・南地区全体が仮設市街地の様相になっていく。

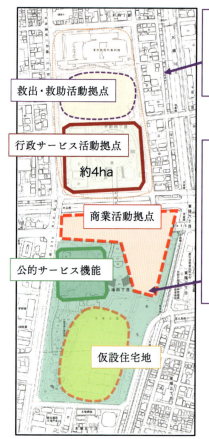

図3-28　第3次利用イメージ

④第4次利用イメージ

　第4次利用イメージは、北側は完成、南地区で仮設市街地形成が完成し、医療・福祉や教育などの諸機能の集積を進めます（図3-29）。

　第4次利用は、復旧型の仮設市街地イメージがほぼ完成の段階に入っています。南地区の利用が進めば、全体完成まで間近です。

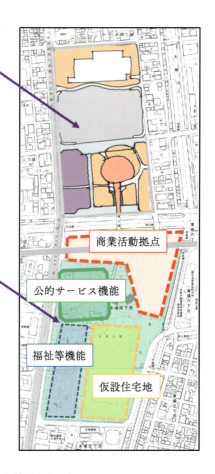

図3-29　第4次利用イメージ

(3) 木場公園・仮設市街地の整備イメージ

以上の段階的なシナリオの結果、最終段階となった仮設市街地イメージが図3-30です。

図3-30　木場公園・仮設市街地の整備イメージ

(4) 仮設市街地の規模

段階的な整備による仮設市街地形成により、全体面積約24.2haの土地利用別面積は表3-7のようになります。

表3-7 仮設市街地の規模

	通常用途	仮設市街地用途	面積（㎡）
北地区	現代美術館	物資倉庫	10,000
	多目的広場	救助・救援活動拠点	31,000
	テニスコート	行政関連機能	15000
	イベント広場他	交流機能	34,000
	計		90,000
南地区	散策用地	仮設商業市街地	14,000
	冒険広場	仮設商業市街地	24,000
	ゲート広場	公的サービス機能	19,000
	イベント広場	交流広場	22,000
	都市緑地植物園	福祉介護教育	20,000
	ふれあい広場	住宅市街地	40,000
	緑地空間他	設備エネルギー	13,000
	計		152,000
総　計			242,000

ここに記載した住宅市街地は、敷地4ha、延べ床面積12haとなり、入居戸数は、約1000戸～約1500戸程度のイメージです。(80㎡～120㎡／戸)

2 ケーススタディその2
対象地区の設定
（1）対象地区の設定

対象地区は、杉並区桃井3丁目「桃井原っぱ広場」としました。主な概要は次のとおりです。

【住所】杉並区桃井3丁目「桃井原っぱ広場」

【面積】約4ha

【公園の位置づけ】杉並区区立公園、防災公園（災害時には避難拠点としての位置づけがある）

【アクセス】電車：中央線荻窪駅から徒歩20分、南側は青梅街道に近接、東に約500mに環八

【周辺施設】北に荻窪病院、南に荻窪郵便局、荻窪警察、伊勢丹SC、隣接してURによる開発

（2）検討する仮設市街地タイプの特徴

対象地区「桃井原っぱ公園」の仮設市街地タイプの特徴は、仮設市街地の基礎的施設の立地をはじめ、特に災害救援用の空間確保が容易、さらには近接して防災を前提とした集合住宅が建設されていることなどが挙げられます。

・公園用地であり、一団の土地としてまとまりをもっている
・面積が約4haあり、仮設市街地に必要な基礎的施設の仮設住宅、仮設店舗、仮設診療施設、各種行政機能などの立地がしやすい
・交通アクセス条件に恵まれており、救援・救護、復旧支援のために利用しやすく、すでにヘリポートを前提として整備されている
・消防・警察、自衛隊などの機動的な活動のための基地的機能を設置しやすい
・さらに、当公園の建設時に、公園と合わせて集合住宅建設が官民の協力で行われ、かつ防災意識の高い住民の協力が得られやすい

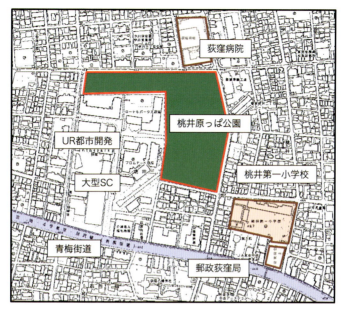

図3-31　対象地区の位置

対象地区の概要

（1）対象地区（桃井原っぱ公園）の位置

　①杉並区内の位置

　杉並区の拠点駅JR中央線荻窪駅から西方約1kmの青梅街道近く北側に対象地区の都市計画公園「桃井原っぱ公園」が位置します。桃井3丁目「桃井原っぱ広場」は、面積約4ha、周囲の住宅地域に取り囲まれた中、広大な公園敷地をもつ公園です（図3-31）。

　②桃井原っぱ公園周辺地区の概要

　桃井原っぱ公園があった場所には、かつて日産自動車荻窪工場がありました。その跡地をUR都市機構が取得し、住宅地の整備とともに「原っぱ公園」として2011年に開園することとなりました。

　公園にするため杉並区は、「防災公園街区整備事業」を活用して防災公園と住宅市街地を一体的に整備することでUR都市機構に事業化を要請しました（図3-32）。

図3-32 桃井原っぱ公園と周辺の土地利用[18]

　UR都市機構は、日産自動車工場跡地を杉並区・民間事業者と連携した事業とし、防災公園を中心とした商業や住宅などの複合的な住宅市街地整備によって、地域の防災機能の強化を図ることにしました。
　地区の周辺には、拠点病院である「荻窪病院」が近接しており、災害拠点病院としてヘリコプター搬送やDMAT隊・都医療救護班の受け入れ訓練などを行なっています。

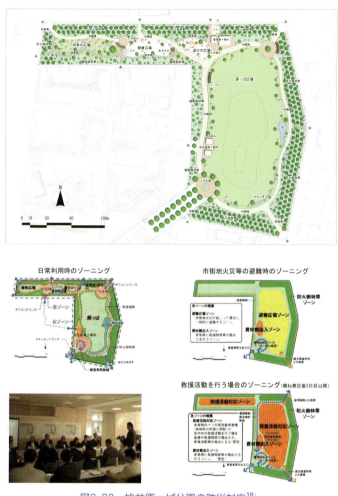

図3-33　桃井原っぱ公園の防災対応[18]

③防災公園としての機能

図3-33に示すように、平常時は「原っぱ広場」の公園として機能し、災害時などの非常時には避難広場や救援活動を行うことができるように考えられています。

利用のためのゾーニング

(1) 利用シナリオ

　桃井原っぱ公園は、開発整備の準備段階から防災への取り組みを想定した計画内容となっており、一定の防災準備を整えており、一般の防災準備のない公園とは異なっています。

　このため、ここでのケーススタディはすでに防災に対応可能な諸機能を活用しながら、どのような仮設市街地での利用がイメージできるか、といった観点から検討します。

　想定されるシナリオは、次のようです。

①初動期は、公園内装備の各種道具を活用した市民レベルの緊急的な対応
（防災倉庫の活用、炊き出し用のかまど、非常用トイレ利用など）

②緊急時対応と並行して、広域的な救援活動を担う自衛隊一個中隊規模の駐屯を行い、行政機能とともに地域防災の情報センターを併設し、本格的な救援・復旧活動の基地として活用現状の公園利用を維持

③被災地への機材、物資供給のための倉庫保管機能を配置

④北側の病院とは、ヘリポート救護からダイレクトな搬送を可能に

④囲の集合住宅側には、仮設住宅地を配置し居住空間の提供

⑤業機能などは、自衛隊の部隊が移動したのちに配置をするので、短期的な対応では集約した配置（自衛隊施設の大型倉庫などを共用）

(2) 初動期のイメージ

　公園中央部にはヘリコプターの緊急離着陸場が設置されています。防災倉庫には、非常用防災トイレ一式が保管されています。防災倉庫と管理事務所の間に、炊き出しなどを行うためのかまどベンチや、かまどスツールがあります。園入口にソーラー照明灯10基が設置されています。非常用防災トイレは、下水道直結式で70基あり、災害時は蓋を開け、テント（簡易設備のテント）と便器を設置して使用します。雨水タンクの水を「手押しポンプ」で流す仕組みで、断水・停電時も機能します。公園にはほかに耐震100トン地下貯水槽2基があり、災害時に防火用水、消火用散水など多様な用途に使用できます。

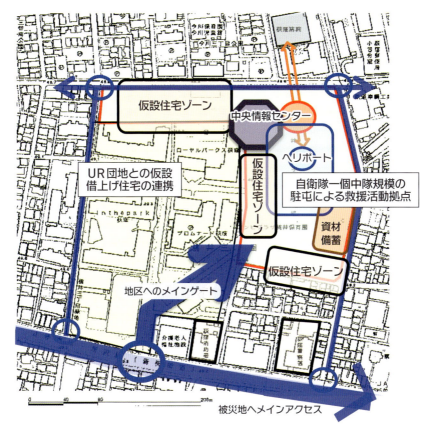

図3-34

(3) 本格始動のイメージ

　本格始動の時のイメージを図示すると、図3-34のようになります。

(4) 利用イメージ

　ここでは平常時と救援復旧時の利用イメージを描いてみます（図3-35、3-36）。災害復旧時は本格始動期をイメージしたものです。

3章　東京区部における仮設市街地　　97

図3-35　平常時の利用イメージ

図3-36　復旧時の利用イメージ

3　ケーススタディその3

対象地区の設定

（1）対象地区の設定

対象地区は、港区都市計画公園「芝公園」としました。地区の概要は、次のとおりです。

【住所】港区芝公園一、二、三、四丁目芝公園（都市計画公園）

【面積】約33ha

【公園の位置づけ】都市計画公園（都立および区立、公園中央部に民有敷地（※）を含む）

【アクセス】都営地下鉄三田線・芝公園駅、御成門駅。首都高速都心環状線・芝公園出入り口。公園西側に国道1号（桜田通り）、公園南側に環状3号線、公園東側に日比谷通りと接する。

【周辺施設】南側に古川（河川上空に首都高速都心環状線）、東側には港区役所、西側には東京タワーが位置する。

※公園区域内の主な民間施設は、増上寺（本堂および境内）、東京プリンスホテル（11階建）、ザ・プリンス・パークタワー（30階建）（共に西武グループ）である。

（2）検討する仮設市街地タイプの特徴

対象地区「芝公園」の仮設市街地タイプの特徴は、特に災害救援用の空間確保が容易で、さらには地区内には民間の大規模ホテルなどが建設されていることなど点が挙げられます。

・公園用地であり、一団の土地としてまとまりをもっている
・面積が約33haあり、仮設住宅や商業施設をはじめ、特に災害救援機能などの立地がしやすい
・交通アクセス条件に恵まれており、救援・救護、復旧支援のために利用しやすく、高速道路のランプと近接している
・消防・警察、自衛隊などの機動的な活動のための基地的機能を設置しやすい

対象地区の概要

（1）対象地区の位置

対象地区は、最寄り駅はJR山手線浜松町駅で、その西方約500mに位置し

図3-37　対象地区（芝公園）の位置

図3-38　対象地区（芝公園）とその周辺

ます。周囲に広がる地下鉄駅からのアクセスも容易な場所に立地しています（図3-37）。

　また、後でも述べますが図3-38で示す芝公園の範囲は、赤枠の中が緑色となって全てが公園用地であるように見受けられますが、ホテルや寺などの民間施設用地も含まれている公園なのです。

前提条件の整理
（1）都市公園としての位置づけ

　東京都は2018年10月、「都市計画公園・緑地の整備方針（改定）　平成23年版」を更新し、首都東京の防災機能の強化を図るなど、他の都市計画公園とともに「芝公園」の整備に着手する意向を明らかにしました。新たな事業化にあたり、「首都東京の防災機能の強化」をポイントとしており、防災が重要なテーマです。

　ここで、芝公園の規模、形状を見てみましょう。

　方位北を左に転倒させていますが、図3-39の緑が公園として開園している部分です。その面積は、約12haです。全体が約33haですから約36％しか開園していません。白地のところは、先に述べた民有地で約21ha（64％）です。

　今回のケーススタディの難しさはここにあると言っても良いでしょう。民有地に防災避難場所などの公共的施設を仮設ではあれ設置することになるからです。

（2）行政区（港区）としての位置づけ
　①港区まちづくりマスタープラン

　芝公園およびその周辺地域の将来像は、2017年策定の「港区まちづくりマスタープラン」にあります。対象地区を含む地域は、「芝地区」の中に含まれており、次のような将来都市構造を示しています。

　芝公園は、旧芝離宮恩賜庭園と並び、芝地区の中で中心的な緑の拠点として位置づけられていることがわかります（図3-40）。

　②「芝地区のまちづくり方針」にみる防災面の考え方

　これをうけて「芝地区のまちづくり方針」の中で防災面については、「市街

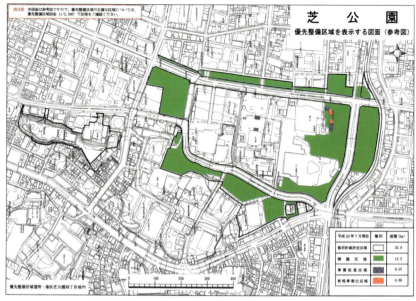

図3-39 都市計画公園・芝公園の開園部分と民有地[19]

地区の将来都市構造

芝地区の将来都市構造は、地区北側の"都市活力創造ゾーン"、古川を境に南側の"広域交流活性化ゾーン"、桜田通り西側の"地域活力向上ゾーン"に分けられます。

都市機能が集積する拠点として、新橋・汐留周辺、虎ノ門周辺、浜松町・竹芝周辺、田町・芝浦周辺が位置付けられています。また、中心的な緑の拠点として、芝公園と旧芝離宮恩賜庭園が位置付けられています。

図3-40 港区マスタープランによる位置づけ[20]

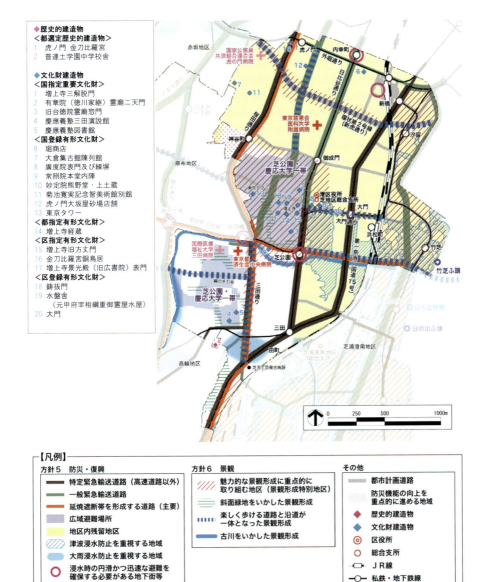

図3-41 芝地区の「骨格となる分野と幅広く関わりのある分野の方針図」[20]

3章 東京区部における仮設市街地

地の安全性・防災性の向上と施設の適切な維持管理」「災害時の都市機能の早期回復マネジメント」「都市型水害、津波等に強い市街地の形成」の3点が挙げられています。

さらに、図3-41に示す都市基盤系の方針の中で、災害時には「地区内残留地区」となる地域にあって、芝公園と慶應大学一帯を「広域避難場所」とし、環状3号を「延焼遮断帯」とする防災上の役割を担うことが示されています。

利用のためのゾーニング

（1）利用シナリオ

①地区防災上の課題

港区の「地震に対する地域危険度」（東京都都市整備局、2018年2月）では、対象地区は、総合危険度ではランク2が地区南東側の芝公園2丁目にあるのみで、他はランク1の安全な地区として測定されています。

当地区の防災上の役割を考えると、当地区が直接的に被災を受ける可能性が低いため、局所的属地的な復旧などの対応よりも、区内全体で生じた被災に対する対策に比重を置いて行うことを優先すべき場所と考えることができます。

当地区の位置づけなどから、地区防災上の課題は次のようになります。
・地区周辺は、昼間人口の集積が高いので、大量の帰宅困難者発生への対応
・合わせて、地区内残留地区のため帰宅困難者の受け皿及び救護・支援体制
・住宅倒壊や火災など区内他地域からの避難者の受け皿の整備
・地区周辺の被災時に応じられる、資材などの蓄積場所の確保
・地区の中央部は民有地であるため、全面的な土地の使用には限界があり、災害時における利用協定などソフト面の準備が必要

②利用シナリオ

こうした考えにもとづき、利用シナリオを次のように設定します。

被災に伴う災害復旧ニーズの変化の機会を捉えて、地区内を段階的に整備することにします。当初の公園利用のままでも災害時の臨時対応機能を投入できる空間利用を図り、時間の経過とともに住宅や市街地利用が図れる利用を進めていくことを考えます。

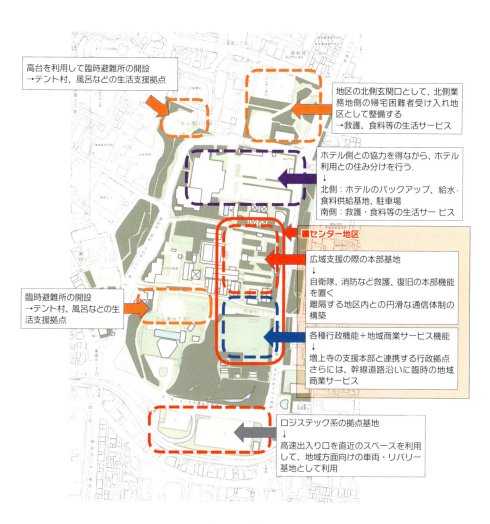

図3-42 土地利用ゾーニングの設定

3章 東京区部における仮設市街地　105

時間的なシナリオとして、災害に伴う時限的で応急臨戦基地的な利用からはじめ、その機能が収束に向かうにつれて仮設市街地利用へと進んでいきます。さらに仮設市街地以降は、最終的に元の公園（緊急災害時に対応可能なように）が持つ広域避難対応に戻していきます。

(2) 利用ゾーニングの設定
①土地利用ゾーニングの設定
　当地区の災害対応の整備は、利用特性に応じて以下の5つのエリアに分けた土地利用ゾーニングが考えられます（図3-42）。
②段階整備の利用ゾーニング
　段階的な利用は、4つの段階別利用イメージとして示すことができます（図3-43）。

■第1次利用イメージ

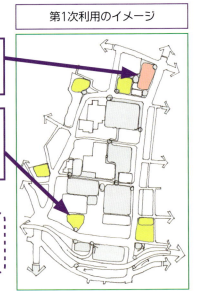

第1次利用のイメージ

・現在の児童公園に、発災から1週間をめどに集中的な活動拠点を形成する。

・地区は、帰宅困難者や一時避難者が大量に発生するため、周辺に一時避難所を設け、合わせて、生活サービス支援地区を形成する。

民間施設との関係は、避難生活上の食事や医療看護などの生活面への協力体制が不可欠です。

■第2次利用イメージ

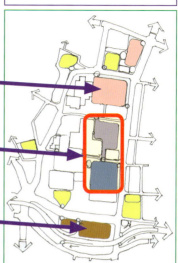

民間施設には公的施設が立地し連携することの強い要請が必要です。

北地区
・生活サービス機能の充実

センター地区
・行政機能、救護・復旧機能を中心とする拠点形成
・面積約4ha

備蓄・配送地区
・復旧用の重機や緊急物資配送センター基地を形成する

■第3次利用イメージ

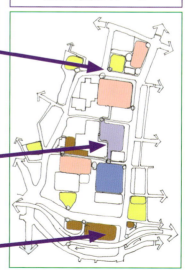

北地区
・第一次（救出・救助）、第二次（生活サービス）利用の充実を図る。
・北地区はほぼ完成である。
・一時避難所は、仮設住宅を建設

中央地区
・本格的な仮設市街地形成を進める。
・商業機能の集積を進め、仮設商業市街地を形成する。
・物資の供給に広域的なネットワーク形成を進める。

南地区
・物資供給システムと合わせ地区と周辺へのブランチ機能と連携する。

3章　東京区部における仮設市街地

■第4次(完成期)利用イメージ

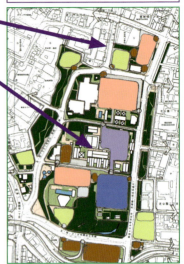

北地区(ほぼ完成)

中央地区
・本格的な仮設市街地形成が進んでいる。
・既存施設との調和を図りつつ、仮設市街地の完成形を目指す。

※仮設市街地の完成と既存施設
・芝公園は既存施設を残し取り入れながら仮設市街地を建設する。
・仮設市街地完成期には、既存施設は通常稼働状態になるので、両者の関係のスムーズな構築が必要である。

図3-43

(3) 芝公園・仮設市街地の整備イメージ

芝公園・仮設市街地の整備イメージは、図3-44のようになります。図中の灰色の建物は、既存民間施設を示します。

(4) 仮設市街地の整備イメージ

段階的な整備による市街地形成により、全体面積約33haの土地利用別面積は表3-8のようになります。ここに記載した一時避難所は敷地3haですが、建設できる空間が狭いため延べ床面積3haとして、入居戸数は約300〜400戸程度をイメージしています(80㎡〜120㎡/戸)。

図3-44 芝公園・仮設市街地の整備イメージ

表3-8 仮設市街地の規模

地区	導入機能	面積（敷地㎡）
北地区	生活サービス	30,000
	一時避難所	20,000
	既存施設	60,000
	小計	110,000
中央地区	本部基地	10,000
	既存施設	50,000
	小計	60,000
南地区	行政施設	20,000
	商業サービス	20,000
	一時避難所	10,000
	既存施設	80,000
	小計	130,000
その他	遠藤緑地	30,000
合計		330,000

3章　東京区部における仮設市街地

参考文献・引用文献

1) プレハブ建築協会HP「参考図面」
2) 『同潤会十年史』より
3) 日本建築家協会関東甲信越支部住宅部会HP，第24回世界建築会議UIA2011東京大会報告「世界の家・街並み展」より
4) 神戸市HP
5) 西宮市HP
6) 神戸市HP
7) 神戸新聞HP
8) 経産省近畿経済産業局「東日本大震災支援に向けた阪神・淡路大震災復興事例調査」
9) 神戸市HP
10) 国土交通省資料
11) 東京大学高齢社会総合研究機構資料
12) 復興庁「復興の現状と取組」2013年11月29日
13) 東京都建設局資料
14) 東京都首都整備局「江東区再開発基本構想」1972年
15) 前掲文献12に加筆
16) 東京都都市整備局「地域危険度（町丁別）」2013年9月
17) 東京都都市整備局「地震に対する地域危険度測定調査報告書」2013年9月
18) UR都市機構，杉並区桃井三丁目プロジェクト
19) 東京都資料
20) 「港区まちづくりマスタープラン」2017年

4章

平時と災害時をつなぐ木造可変防災施設

本書でこれまでに検討してきたような一時滞在施設や仮設市街地の計画・運営では、さまざまな制約や不便の中でも、一時滞在者や避難者ができるだけふだんの暮らしに近い避難生活を送れるよう、ハード／ソフトの両面にわたって工夫をこらすことが必要です。DCPサービスの提供を可能とする高性能の空間やインフラの整備はもちろん重要ですが、それだけでは不十分です。

　特に、応急対応から復旧に至る段階で、被災者支援の質を高めるためには、発災前にあらかじめ被災者を支援するシステムを社会・地域に組み込んでおく必要があります。そのようなシステムには、避難生活を送る人たちの気持ちに寄り添った細やかな工夫が欠かせません。

　本章では、前章までの都市計画的なアプローチからやや趣旨を変えて、避難生活における利便性や快適性を向上させることができる木造可変防災施設を取り上げ、その意義と可能性を展望するとともに、具体的なアイディア事例を紹介します。

4-1　木造可変防災施設の意義

1　木造応急仮設住宅

　前章でも触れたとおり、東日本大震災の復興過程では、多様な木造の応急仮設住宅が整備・供給されました。

　いち早く動き出した事例は、岩手県住田町で整備された木造仮設住宅です。住田町では、町の基幹産業である林業の活性化策として、木造応急仮設住宅キットの開発を進めていました。そのため、発災からわずか11日後の着工が可能となりました。住田町に建設された木造仮設住宅には、隣接する陸前高田市の被災者が入居しました。市街地が広範にわたって壊滅的な被害を受けた陸前高田市にとって、住田町の支援は大きな力になったことでしょう。

　また、この住田型木造仮設住宅は、陸前高田市のオートキャンプ場モビリアにも建設されています。モビリアに整備された仮設住宅地は、木のぬくもりの感じられる別荘地のような佇まいを見せ、被災者の避難生活を心理的な面からも支えました（図4-1）。

　その他にも、岩手県遠野市では木造によるコミュニティケア型仮設住宅が

図4-1　木造仮設住宅地・モビリア

整備されていますし、福島県内各地にも木造仮設住宅地が整備されています。東日本大震災の復興過程を通じて、被災者の心を癒やす木造の力が改めて認識されたと言えるでしょう。

2　平時と災害時をつなぐシステムとしての木造可変防災施設
防災ファニチャー

　近年、避難場所となる公園などに、ふだんは椅子やベンチとして利用でき、災害時にはかまどやトイレに早変わりする防災ファニチャーの導入が盛んになっています（図4-2）。また、平時は散水や水遊びに使え、災害時には貴重な水源となる井戸の設置などもよく見られるものです。

　地域で取り組む防災訓練などの機会には、これらの防災ファニチャーを実際に使ってみることで、発災時にどのように機能するのか、またどのように取り扱えばいいのかということを、ふだんからその場所を利用する地域の人たちが実感を持って理解することができます。いざという時に頼りになる地域の防災力を高めるには、このような細やかな仕掛けなども通じて、人々の防災意識を育むことが必要です。

図4-2　防災ベンチ

ウッドトランスフォーム

　防災ファニチャーと同様に、日々の暮らしと災害発生時の被災者支援をつなぐ意図を持ったユニークな取組みを紹介しましょう。

　日本木材青壮年団体連合会（日本木青連）という団体があります。わが国の木材産業に携わる若手経営者を主体とする全国組織です。この日本木青連で、非常に興味深い取り組みが行われています。それがウッドトランスフォームの開発です。東日本大震災などを契機として、「木の文化」と「木の防災」の2つの目標を掲げて取り組みを進めています。

　ウッドトランスフォームとは、平常時には、暮らしに木のぬくもりを与える日常品として利用されながら、災害時には、それを変形（トランスフォーム）することで被災者支援に役立つ別のモノに組み替えることができる木製品です。木材は、人の生理面や心理面によい影響を与えることが知られていますが、そのような木材の特性を避難生活の質の向上に活かす考えです。

　さらに、循環型資源である木材利用を促進することで、山林資源の適切な管理や持続可能社会の構築につなげていくという意図も持っています。実際、近年において、気候変動の影響なども受けた豪雨による山地災害（土砂崩れや土石流）が頻発しています。そういう意味でも、山林資源の管理と防災対策の両方を視野に入れたウッドトランスフォームの開発は意義深く、注目に値するものだと言えるでしょう。

図4-3　熊本地震の被災地に設置されたウッドトランスフォーム[1]

ウッドトランスフォームのプロトタイプの開発と熊本地震での実践

　ウッドトランスフォームのプロトタイプとして開発された製品は、ふだんは公園や広場に設置されるウッドフェンスやウッドデッキが、災害時には、それをフェンスやデッキに備えつけられている道具と人力だけで木造応急仮設ハウスに変形できるというものです。

　日本木青連では、災害発生時における被災者のストレス軽減など避難所生活の質の向上を目指し、2014年から木造応急仮設施設の検討に着手しました。2015年にはウッドデッキやウッドフェンスから変形し応急仮設施設になる初期モデルを完成させ、組み立てデモンストレーションの実施も行っています。

　翌2016年4月、熊本を二度にわたる震度7の地震が相次いで襲いました（熊本地震）。日本木青連では、発災後2週間も経たないうちに熊本県大津町の避難所にプロトタイプのウッドトランスフォームを設置し、その後、約2ヶ月間にわたり避難所生活の質の向上に貢献しました。この取組みに対しては、熊本県知事から感謝状も送られています（図4-3）。

　さらに改良を重ね、2017年には広島と東京の2ヶ所でウッドトランスフォームの展示イベントが実施されています。両イベントの概要を整理すると表4-1のようになります（図4-4も参照）。

表4-1　ウッドトランスフォームプロジェクト展示イベント（広島）[1]

実施団体	日本木青連中四国地区協議会
実施日	2017年7月29日（土）
イベント名／会場	「中四国地区協議会WOOD TRANSFORM PROJECT」研修事業／ひろしま国際ホテル（セミナー）・旧広島市民球場跡地（WOOD TRANSFORM PROJECT組み立て実演）
参加者	・行政関係：広島県・広島市・廿日市市 ・日本木青連関係：防災対策委員会委員＋会員49名 ・木材業界関係
実施に至る経緯	・地元行政、マスメディア、一般の人々に「WOOD TRANSFORM PROJECT」を認知してもらい当該地区の地域防災の一助とする ・中四国地区協議会として初めて「WOOD TRANSFORM PROJECT」を学習することにより、会員の防災意識の活性化を促し、各地元において地域防災の中心として活躍するための一助とする
建て方・解体	建て方：2017年7月29日・作業者数9名・作業時間30分 解　体：2017年7月29日・作業者数9名・作業時間30分
活動報告	・日本木青連が行政とともに具体的施策について勉強する場を持つことにより、これからの交流・連携をより密にし、今後の当地区の防災体制整備促進や木材需要の喚起に結びつける可能性が開けた ・中四国地区各会団のリーダーが全員建て方を体験することで、各地域における防災の救世主としてのリーダーシップを発揮してもらう動機づけとなった ・戦後復興とともに歩んできた旧市民球場跡地で、未来に向けた防災対策事業のデモンストレーションを行ったので、県・市の行政関係者を含め参加者は感慨深いものがあり、今後の取り組みや体外的なPRの面で効果大と思われる
参加者らの反響	・県では今後桧材の拡販を考えているので県産桧材でつくれないか ・フェンスではなく公共建築物の内装など（壁・机）で備蓄すれば、行政が木材を使用する際に最大のネックとなる維持費用が、大幅に軽減できる ・平時にも組み上げて使用し、緊急時に応急施設として使用すれば、備蓄による床の傷みが軽減する ・想像以上に建てやすかったが、災害時にスムーズにいくかは疑問があり、ナットを蝶ネジにするなど改良・改善は今後も必要 ・小屋1棟が車1台で運べるので、運搬・移動が非常に楽

ウッドトランスフォームプロジェクト展示イベント（東京）[1]

実施団体	東京木材青年クラブ
実施日	展示期間：2017年10月7日（土）～10月8日（日）
イベント名／会場	第37回「木と暮らしのふれあい展」／東京都立木場公園イベント広場

参加者	・行政関係：江東区・東京都・江東区議 ・日本木青連関係：6名 ・木材業界関係 ・その他（イベント関係者・来場者）
実施に至る経緯	・「木と暮らしのふれあい展」は東京の木材業者が一般消費者に向けて行う最大の木材PRイベント ・ウッドトランスフォームが、木材活用により災害時に短時間で組み立てられ被災者支援に役立つこと、平時にはフェンスやデッキとして活用し、特別な備蓄スペースは不要なことなど、優れたアイデアの実物展示を通して広く認知してもらう機会を得た
建て方・解体	建て方：2017年10月6日・作業者数8名・作業時間53分 解　体：2017年10月8日・作業者数8名・作業時間60分
活動報告	・イベント来場者70,000人（東京都・都木連発表） ・WOOD TRANSFORM PROJECT パンフレット約200部配布 ・林野庁長官が来場し、ウッドトランスフォーム実物を視察
参加者らの反響	・短時間で組み立て可能なこのような施設が、災害に備えて公共の場にもっと設置されればよい ・被災者支援の仮設施設のみならず、一般家庭での収納などを含めた使用ニーズが多数あり

図4-4　「木と暮らしのふれあい展」でのウッドトランスフォームの展示[1]

　このようなイベントを通じて、木造可変防災施設を周知し、社会の関心を喚起することは重要です。また、よりよい製品の実現に向けた改良のヒントも、こうした実践を通じて得られていくものです。

3　木造可変防災施設の意義と課題
意義
　木でつくられた日常品が、災害時に一時滞在者や避難者の役に立つ別のモノに組み替えられる——それが木材可変防災施設です。改めて木造可変防災施設（ウッドトランスフォーム）の意義を整理してみましょう。

- 平時、災害時それぞれに役立つ：平常時には木製のフェンスやデッキ、日用品などとしての役目を果たしながら、災害時など必要な時に変形（トランスフォーム）することで、例えば、不特定多数の人々が避難所生活を行う中での着替えや授乳、おむつ交換、急病人の緊急処理などに対応した空間として活用することができます。
- 容易な組立：木造可変防災施設をトランスフォームする際は、特別な経験や知識は不要です。その場にいる人たちで、あらかじめ備えつけられている簡単な工具を使用して、短時間で容易に組み立てることができます。また、統一規格に則った部材を用いることで、組み換えも可能です。
- 木材がもたらす快適性：木材は、日本人にとってとても親しみ深い素材であり、特有の香りやリラックス効果など、人に心地よい感覚を与える材料です。木材を利用した防災施設、避難者支援施設は、被災者のストレスを軽減し、精神面でのサポートの一助となる素材だと評価できます。
- 森林の環境管理：国産の木材を活用することにより、国土の2/3を占める森林の環境管理に寄与することが期待されます。循環型資源である木材を積極的に活用していくことは、地球温暖化の防止、土砂崩れなどの災害の防止、治水や生物多様性の保全などにつながります。

課題
　一方、製品の開発・改良のプロセスや展示イベントの実施などを通じて、ウッドトランスフォームの具体的な課題も少しずつ浮き彫りになってきました。現時点での課題としてそれらを整理してみると、以下のようになります。
　①製品としての課題
　　・部材の適切な軽量化：プロトタイプの屋根部材の重量では、作業者が女性や高齢者だと設置が不可能です。屋根材の軽量化などが必要でしょう。

・降雨対策：平時であれ発災事であれ、降雨対策を検討することは重要です。また、保管時の腐食や傷み、発災事の雨濡れ対策なども必要となりそうです。
・平時の形状・利用方法：変形（トランスフォーム）がこのプロジェクトのおもしろい点ですが、一方で、例えば平常時からハウス（幼稚園・保育園など）として利用すれば、床の傷みなどを軽減できるかも知れません。トランスフォームにこだわりすぎない視点にも留意すべきでしょう。

②訴求・普及に向けた課題
・コスト面：現時点では、1つの木造可変防災施設を設置するにもそれなりの金額が必要です。メンテナンスにも一定の目配りが必要です。その辺りは、普及に向けた大きな課題だと捉えられます。
・イベントなどでの現物の提示：行政などと連携・協働して木造可変防災施設の設置を実現するためには、実際に現物を見てもらうことが大切です。実物展示はインパクトがあり、木製品のよさも体感してもらえます。そういう意味では、イベントなどを通じて各地でそうした機会や場を設けることが重要です。また、イベントなどに参加する際には、完成品の展示にとどまらず、危険防止に留意しつつ、組立作業のデモンストレーションをした方がより効果的だと考えられます。

③行政などとの連携における課題
・具体的に提案：行政に働きかける際には、ウッドトランスフォームプロジェクトのように具体的な提案をすることが有効です。実物が見えると具体的な検討に入りやすいからです。木材利用の推進という観点からも、単なる一般論ではなく、具体論から入ることが重要です。
・適切なアフターフォロー：ウッドトランスフォームは、全国のどこでもその地域の気候風土や生活文化に応じた展開が可能です。行政に働きかけるだけでなく、きめ細かな対応・アフターフォローを欠かさないことで、各地での多様な展開の可能性は高くなるでしょう。
・木材利活用の総合的窓口の機能：超高齢化社会の到来、地球環境への配慮などの観点から、これからのまちづくりでは、木を活用することが重要になってくると思います。ウッドトランスフォームを入口として、ま

ちづくりに木を組み込んでいく流れをつくりあげていくことが重要です。そのためには、木材利活用に関する情報などの総合的な窓口の機能が求められてくるでしょう。

　ウッドトランスフォームの試みは、まだ端緒についたばかりですが、こういった課題を意識しながら、ひとつずつ乗り越えていく姿勢が欠かせないでしょう。特に、ウッドトランスフォームという考え方そのものが、一般の人たちにはほとんど知られていない段階では、木造可変防災施設の存在や意義、魅力を伝えていく工夫が重要となります。
　そこで、より幅広いウッドトランスフォームの可能性を拓くべく実施されたのが、「ウッドトランスフォームシステムコンペティション」です。その概要を次節で紹介しましょう。

4-2　ウッドトランスフォームシステムコンペティションの実施

1　コンペティションの概要

コンペティションのねらい

　ウッドトランスフォームの普及や展開のカギを握るのは、変形（トランスフォーム）の多様で具体的なアイディアです。平時にどのように日常生活に溶け込み、災害時にどのような役割を果たすモノに変形できるのかということについて、幅広いアイディアを持ちながら、実現に向けたステップを踏むことが欠かせません。
　そこで、日本木青連では、フェンスやデッキから応急仮設施設に変形するという形にとどまらず、様々なスタイルの木造の変形システムを「ウッドトランスフォームシステム（略称：WTS）」と再定義した上で、そのようなトランスフォームのアイディアを広く募ることにしました。ウッドトランスフォームシステムコンペティションの開催です（図4-5）。
　これは、コンペティションを通じて、新たな木材利用の創出を目指していくとともに、持続可能な循環型社会の構築に向けた木材利用の意義を啓発し

図4-5　第1回ウッドトランスフォームシステムコンペティションの案内チラシ[2]

ていくこと、さらに、アイディアを生みだす際に、災害発生時の状況や避難所生活を想定することで、参加する方々の防災意識の向上につなげることなどを狙いとしています。WTSの実現と普及により、災害に強い日本を作りあげていくとともに、木材を多用した豊かな循環型社会を構築していくことを目指しています。

〈ウッドトランスフォームシステム（WTS）とは〉
　ウッドトランスフォームシステム（WTS）の定義は、平常時には特別な備蓄スペースをとらず、フェンスやデッキ、ベンチ、遊具、家具、什器など人々の生活や業務活動のなかで有用なものとして役目を果たし、災害発生時には、変形（トランスフォーム）することで、被災者の避難所生活や復旧活動を支援する木造のシステム製品です。変形においての制約として、備蓄している材料と工具を用いて人力のみで、迅速に行うことができるものです。

第1回コンペティションの概要

　記念すべき第1回コンペティションは、2018年の秋に行われました。そのあらましは以下のとおりです。

(1) 募集要項
［応募資格］
・不問（個人、法人、団体、グループ、連名問わず応募可。また複数作品応募可。）
［募集期間］
・作品受付期間　2018年10月1日（月）〜12月28日（金）
・結果発表　　　2019年3月
［審査基準］
以下の項目に適合しているかを総合的に判断して表彰作品を選定
・木材を有効に活用しているもの
・平常時の有用性
・災害発生時の有用性
・デザイン性
　※考慮すべき事項
　・災害時、平時問わず、安全なものであること
　・工具を使用する場合は、備蓄している工具を使用すること（備蓄方法も明記すること）
　・簡単に変形作業ができること
　・設置場所は屋内外を問わない

［表彰］
- 最優秀賞　　　　　　1作品
- 優秀賞　　　　　　　1作品
- その他入賞作品　　　約8〜10作品を予定
  ※最優秀賞、優秀賞の2作品は試作として実物製作

［審査委員会］（順不同、敬称略）

災害発生時の有用性が審査基準の1つになることから、木材や建築の専門家だけでなく、地震や防災、都市工学、デザインなど多岐にわたる分野の専門家により審査委員会が構成されました。

- 審査委員長　　伊藤滋（都市計画家・東京大学名誉教授）
- 審査委員　　　石川永子（横浜市立大学准教授 都市防災計画論）
  　　　　　　　大木聖子（慶應義塾大学准教授 地震学・災害情報論）
  　　　　　　　小林博人（慶應義塾大学教授 建築・都市地方設計）
  　　　　　　　坂茂（建築家）
  　　　　　　　古久保英嗣（日本住宅・木材技術センター理事長）
  　　　　　　　渡會清治（日本都市計画家協会理事 都市計画・まちづくり家）
  　　　　　　　鈴木興太郎（日本木青連平成30年度会長）
  　　　　　　　川添恵作（日本木青連平成30年度副会長）

選考過程

　第1回コンペティションでは214件の応募がありました。応募者は、子どもから大人、グループ、企業まで幅広く、専門家によるものと思われるレベルの高い提案も数多く寄せられました。作品の提出状況を踏まえ、審査・表彰に当たり、高校生以下をジュニア部門とし、それ以外を一般部門として、両部門から入賞作品を選出することとされました。ジュニア部門の応募は24件、一般部門が190件でした。

　審査は審査委員の書面による第1次審査と最終審査会により行われました。第1次審査で、一般部門39作品、ジュニア部門12作品が選定され、それらを対象とする最終審査会において、審査委員全員による討議と複数回の投票により、以下に掲げるとおりの入賞作品が選定されました。

入賞作品一覧

○最優秀賞	蔀戸を活用した防災拠点
○優秀賞	跳び箱⇒ベビーベッド・オムツ交換台
○セールスフォース・ドットコム賞	ムービングデッキ
○日本木材青壮年団体連合会会長賞	木製ボウル兼ヘルメット
○一般部門入選	WTF3 (Wood TransForm From Factory)
	パーティションチェアユニット
	木と学び、木と囲う
	ジラーフユニット
○ジュニア部門入選	カクカクトイレ
	少しでも快適に
○木材利用推進特別賞	Gravewood

　審査では、募集要項にある審査基準に沿うとともに、この第1回の選定結果が今後に与えるよい影響のことなども視野に入れ、投票時に得票数の少なかった作品についても検討の機会を持つなど、幅広く熱心な討議が行われました（図4-6）。各審査委員も、この初めての試みに大きな手応えと今後への期待を感じながらの審査となりました。

　2019年6月21日、名古屋市で第1回ウッドトランスフォームシステムコンペティションの表彰式が開催されました。伊藤滋審査委員長から各賞受賞者に表彰状が手渡されました（図4-7）。併せて、最優秀賞・優秀賞の2作品の試作品も展示されました。

図4-6　審査会風景[2)]

図4-7　試作品も展示された表彰式の様子[2)]

4章　平時と災害時をつなぐ木造可変防災施設

2 WTSの優れたアイディア

ここでは、応募作品の中から、ウッドトランスフォームシステムの優れたアイディアとして、最優秀賞・優秀賞をはじめとする入賞作品11点と、惜しくも選外となったものの興味深い提案となっている作品をいくつか紹介します。これらのアイディアを通じて、ウッドトランスフォームシステムが目指している災害に強く、木材を多用した豊かな循環型社会の姿を感じ取ってもらえるのではないかと思います。

蔀戸を活用した防災拠点 ［最優秀賞］

災害時に9.9㎡から85㎡に拡張する蔀戸を活用した、防災拠点のアイディアです。

常時は、9.9㎡の備蓄倉庫として活用します。この面積は、防火地域指定がなければ確認申請が不要で簡単に建てることができます。外壁の四面が折り畳み式の蔀戸でできており、庇として伸ばすことができます。テントスペースも加えると85㎡に拡張します（図4-8）。災害時の仮設建築に確認申請は不要です。

常時は、小さな防災倉庫として街に存在し、災害時は大きな防災拠点に変えることができます（図4-9）。

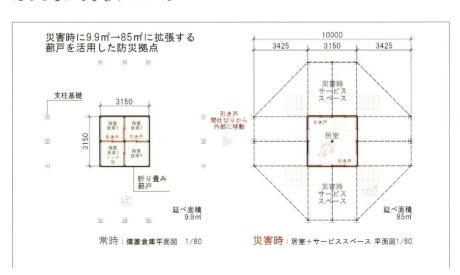

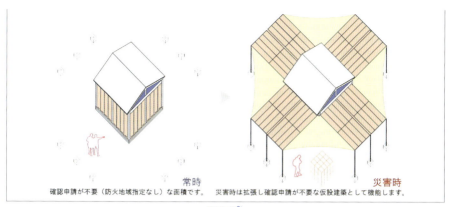

図4-8[2)]

図4-9　試作品。平時(上)と災害時(下)[2)]

4章　平時と災害時をつなぐ木造可変防災施設

跳び箱⇒ベビーベッド・オムツ交換台［優秀賞］

　平時は体育の授業で使用する「跳び箱」が、災害時はベビーベッド・おむつ交換台に変形するというアイディアです（図4-10、4-11）。

　考案者によると、災害時に避難所として学校が使用されるケースが多い点から、設置場所を学校（屋内）と決めた上で立案したとのことです。また、小さな子どもを持つ親として子どものために何か役立つアイテムはないかと考え、今回のアイディアに至ったとのことです。特長として、次の点が挙げられます。

- 跳び箱の一段一段にスベリ防止ラバーがついているので、余震などにも対応
- 変形時の組立を楽にする溝つき
- 解体箇所が多くないため、体力の消耗を抑えられる
- 床からの高さを確保することで体温の低下を抑えられる
- 解体・組立完了後に余ったパーツを他目的に使用可能
- 日頃屋内にあるため劣化しにくい

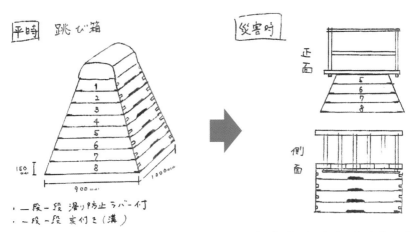

変形方法　① 解体：跳び箱 2〜4段を解体する。

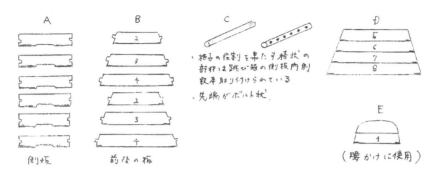

② 組み立て
1. 土台となるDに床板となるAの板を並べる。
2. 格子となる円柱を取り付ける。

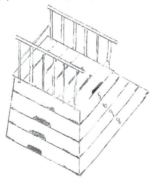

図4-10[2)]

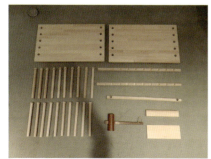

図4-11　試作品[2)]

4章　平時と災害時をつなぐ木造可変防災施設

ムービングデッキ［セールスフォース・ドットコム賞］

　普段はウッドデッキとして利用し、災害時には応急的住居として使用するというアイディアです（図4-12）。

　家屋が地震により倒壊の恐れがある場合は安全な場所に移動して設営し、雨露をしのぎます。素材が木のためこのまま寝そべってもよいですし、余裕があれば毛布や畳などを持ち込むこともできます。タイヤの高さが地上より浮いているので、雨や夜露で浸水することもありません。骨組みは丈夫なので、上に布団を掛けてからシートで覆えば、多少の防寒対策はできます。

　基本は、1.8m×1.8mのパネル3枚を折り畳み使用し、大人2人と子供2人程度が使用できる想定です。デッキの形状などにより変わります。タイヤがついているので、避難所の近くにそのまま移動することも可能です。避難所に入れない場合などは、その近くで生活することもできます。長期間の生活は無理ですが、時期にもよりますが数日程度であれば就寝場所として活用できます。変形後も特に支障がなければ、また元の姿に戻して再利用も可能です。

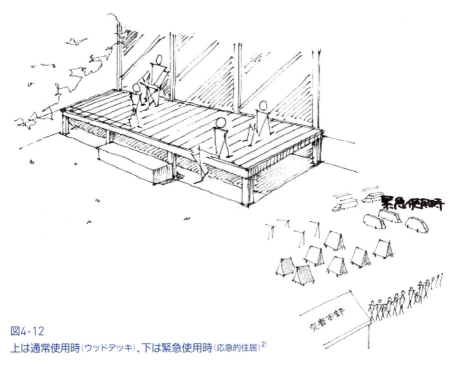

図4-12
上は通常使用時（ウッドデッキ）、下は緊急使用時（応急的住居）[2]

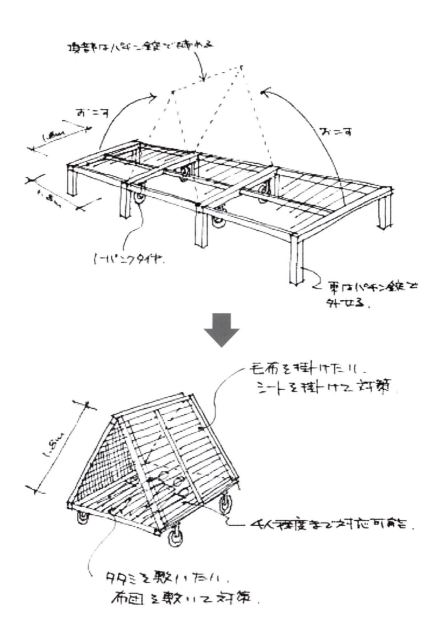

図4-13　変形前(上)と変形後(下)[2]

4章　平時と災害時をつなぐ木造可変防災施設

木製ボウル兼ヘルメット ［日本木材青壮年団体連合会会長賞］

　通常は食器・物入れとして利用でき、避難時にはヘルメット、避難所では食器として利用できるというアイディアです（図4-14）。

　ヘルメットが備えてある家庭は増えていると思われますが、来客用のヘルメットまでは用意されていないでしょう。木製のボウルに穴を開けたもので、通常は食器、物入れとして使い、避難時にはヘルメットとして使います。避難所では食器として使います。

　穴にハンカチを結びつけ、ヘルメットの緒とします。頭との間にタオルのような緩衝できるものを入れ、ヘルメットとします。

　生産性を考慮し、円形とします。大きさは子供用から大人用まで3〜5つのサイズを用意します。2つの穴は取手となり、持ちやすく使いやすいものにします。

図4-14

WTF3（Wood TransForm From Factory）［一般部門入選］

　物流で使用される木製パレットを、避難所生活の質を高める道具として利用するアイディアです。

　出荷用に使われる木製ワンウェイパレットを避難所などに運び入れ、床材として使用します。「プライベートな区画」を作ることができます。また、組み合わせを変えることでベッド、仕切り用の衝立などとしても活用が可能です（図4-15）。使用後も、パレットの性能・価値の棄損はほとんどないため、廃棄せず搬入元に戻すことができます。また、パレットを保有する企業にとっても、大きな投資を行わずに緊急時に地域住民への支援を行うことができるため、CSR活動の一環としても有効です。

床

衝立

ベッド

・平面に並べて接続するだけで床として活用可能。世帯毎等にひとつづつ作ることで、プライベートスペースと通路を明確に分けることができる
・積み上げ方によってベッドとしても使用可能

・隙間のあるパレットは、繋ぎ立てることでパーティションや腰壁的に使用
・隙間のないパレットを使用すれば視線の完全な遮蔽が可能

4章　平時と災害時をつなぐ木造可変防災施設

木製パレットイメージ

接続については、あらかじめ規定位置に指定のボルト径の穴をあけておき、ボルトにて連結して組み立てを行う。
＊接続部参考写真

梯子

風呂

・角材とパレットを組み合わせることで梯子として活用

・同一規格のパレットを組み合わせて箱型に固定、ビニールシート等で水漏れをふさぐことで浴槽として使用
・衝立と組み合わせることで浴室も作成可能

図4-15[2]

パーティションチェアユニット［一般部門入選］

　パブリックスペースの椅子を、避難所空間の機能的な間仕切りにするというアイディアです。

　通常時にはパブリックスペースにおける椅子として機能しながら、災害時には最小限の手間で避難所空間における機能的な間仕切りに変化します（図4-16）。

　椅子部分の内部には備蓄食糧や防災グッズを格納していくことができ、避難者へのそれらの配布もスムーズかつスピーディに行うことができます。これにより、困難な状況に置かれる避難者のストレスを少しでも軽減することを目指します。

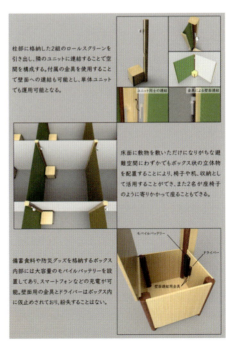

4章　平時と災害時をつなぐ木造可変防災施設

平常時 市役所や公民館、図書館のロビーなど、公共空間における設備として設置する。配置方法によりチェアやベンチとしてアレンジできる。LED照明を点灯することで空間演出上のアクセントとすることができる。

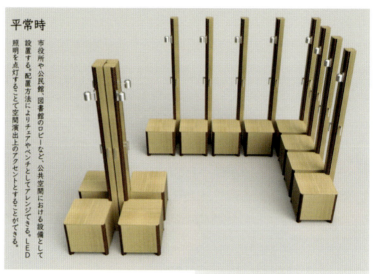

災害時 避難者に本ユニットを配布し、所定の間隔に配置し2面のスクリーンを展開することで、大人2名がすごせるパーソナルスペースを構築できる。スクリーンを片面ずつ出し入れすることで、出入りや空間の連結も自在に可能となる。

図4-16[2)]

木と学び、木で囲う［一般部門入選］

　学童机でつくる木のパーソナルスペースのアイディアです（図4-17）。
　学校は災害時に避難所であり、物資が集まる重要な拠点になります。しかし、学びの場として建てられた学校は、避難所として活用する際に次のような問題点があることが近年明らかになってきました。
　①避難所でのパーソナルスペースがないこと
　②避難所での生活の妨げになる学童机
　東日本大震災の被災者の実体験からも、避難所での最初の作業が学童机を外に出す作業でした。そこで①と②の問題点に着目し、災害時に有用である学童机の開発に至りました。従来のスチール脚学童机に対して木製脚学童机にすることで、温かみやリラックス効果が期待できます。近年注目を集めている、学校内装木質化の意匠性にもマッチングでき、教室内で余った学童机をパーツごとに分解できるため、使用しない時は収納することが可能です。

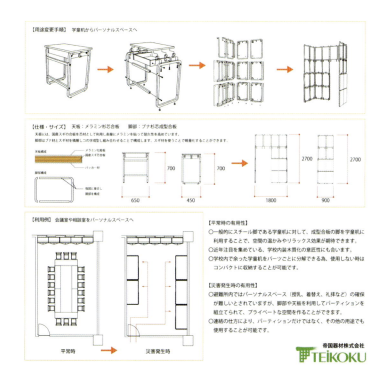

平常時

災害発生時

図4-17[2)]

ジラーフユニット［一般部門入選］

　縦格子の内装材を組み立てて、避難ブースにするというアイディアです（図4-18）。

　ジラーフユニットは、杉やヒノキの直行集成板（200×2400×30mm）から、「L（エル）」と「I（アイ）」の2種類を切り出してつくられます。

　平時は、壁面などにタテ置きすることで縦格子の内装材として活躍します（ストックヤードフリー）。災害時にはそれらを取り外し、道具なしでホゾ差しすることで、約2.1m角の木の避難ブースに組み上がります。組立は、大人2人で3分程度です。

　ジラーフユニットは、避難所のプライバシーブース、屋内外のイベントブース、オフィスの木質化、子どもの隠れ家など、日常から非日常まで多様な用途を持ちます。

what Q. 何ができる？

壁にひっかけて保管 = 内装材として活躍！
ストックヤードフリー！

引掛けているだけ。
上へ持ち上げ、さっと取り外し可能！

例えば‥
20ブース → 4.8m

内装イメージ

保管 = 内装壁面材

・店舗の壁・部室
・廊下　・公民館 etc…

平時　組み方を変えれば
ベンチやベッドに変身！　ベンチ → ベッド

災害時
- マンホールをはずしてジラーフユニットを置けば屋外トイレに。
- ベンチ・ベッド
- 炊き出しブース
- 更衣室 etc…

■間仕切りブース

間仕切りブースイメージ

1ブース 2.1m×2.1m

100ブース
2,150 / 1,500 / 25 25 25 25 / 1,700

軽トラック1台で100ブース！

平時に内装材やベンチであったジラーフユニットは、災害時には間仕切りブースへと姿を変えます。普段ユースから災害ユースの視点を持つこのブースが「木」のみで完結しており、防災と林業を結びつける一つの新しい切り口として開発しました。

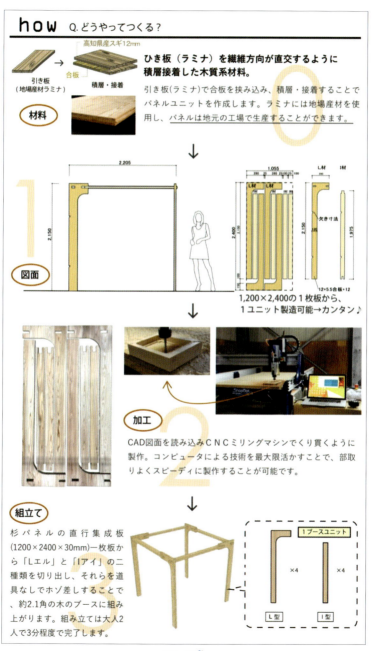

図4-18[2)]

カクカクトイレ［ジュニア部門入選］

　部材の角ばったところを簡単な組み立ての決め手にするというアイディアです。

　古代の建築にみられるような、つなぎ目の凸凹を利用してキットをつくれば、くぎや工具がなくてもいろいろな形に変化させることができます（図4-19）。

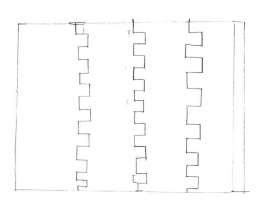

図4-19[2)]

少しでも快適に［ジュニア部門入選］

　学校の大きな机を、ベッドやパーティションにするというアイディアです。

　被災地の生活で机としても使え、高齢者にはベッドとしても使ってもらえます。パーティションとしても使え、周りの目を気にせず避難所生活を送れます（図4-20）。

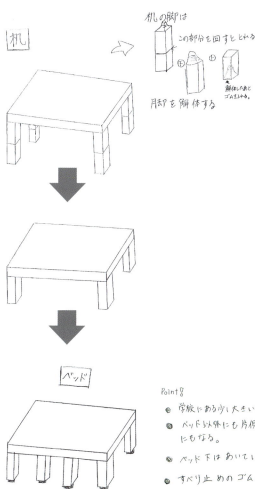

図4-20[2)]

4章　平時と災害時をつなぐ木造可変防災施設

Gravewood ［木材利用推進特別賞］

　昨今の時流を捉えた、木のお墓のアイディアです。

　お墓は大切だった人を供養する場所であり、故人と繋がる場です。そのような場所が今まで当たり前のように石でつくられてきました。人と同じく生きていた木の前で祈ることは、さらに故人とのつながりを深くします。また、お墓は終の棲家でもあります。木との暮らしに親しんでいる日本人が終の棲家として木を選び、住み続けます。

　近年の大型地震で各地のお墓が倒壊しています。死者を、49日で仏にして33年で神にするという死生観を持つ日本人に、頑丈なお墓は必須条件となりました。自然災害、特に地震が多い日本で耐震は最も重要なキーワードになります。大切なお墓にも耐震が必要なときです。死者が無事神になるように、丈夫なLVLやCLT版にこれまで用いら（図4-21）

・お墓を木材にすることで、様々な形状や彫刻が容易となり、好みに合った形状が生み出される。

・腐朽対策に、雨や直射日光にさらされる小口部には笠置板金を設置し、それ以外は耐候性塗料で腐食を防止する。

図4-21[2)]

ペットハウス

ロッカーをペットハウスにし、ペットと一緒に避難生活を送れるようにするアイディアです。

災害が起きた際にペットと一緒に避難できる場所が少なく、無人の家に置き去りにせざるを得なかったり、車に置いておくことで引き起こされる熱中症や凍死を防ぎたいとの思いから考えたとのことです（図4-22）。

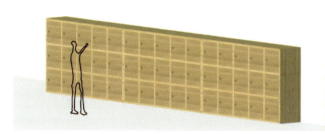

図4-22[2)]

乳児専用二次避難ベッド

　講演台が、赤ちゃんの生活環境に配慮したベビーベッドに変形するというアイディアです。

　考案者によると、避難所では不特定多数の人々が往来して、ホコリが大量に床上を浮遊するため、乳児の健康に悪影響を及ぼす恐れがあると考えて、思いついたとのことです。

　災害時に避難所となることが多い学校施設に必ず設置されている木製の講演台を、工具などを使わないで容易にベビーベッドに変形させることを可能にすることで、簡単かつ安全に乳児の生活環境を整えることができます（図4-23）。

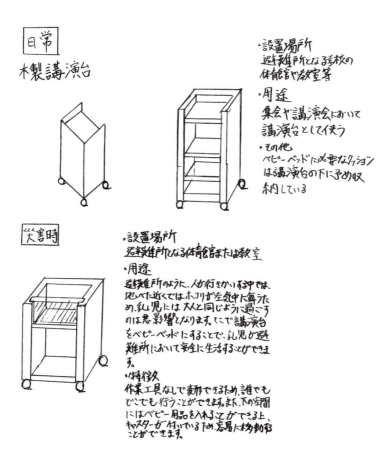

図4-23[2)]

みんなのまちの「みちびき」センター

　本棚（ブックシェルフ）が、最新防災ICTを備えた防災基地になるというアイディアです。

　平常時は、公民館や体育館など、どんな場所にも溶け込む本棚として活用します。災害時は、避難所に必要な「防災センター基地」に変身し、安心、安全、安らぎを提供します。災害時には、住民の安否情報の確認、災害情報の伝達、傷病者の遠隔での応急医療支援、緊急物資の搬送要請など最先端ICTを活用し、孤立した避難所の被災住民を守ります（図4-24）。

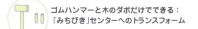

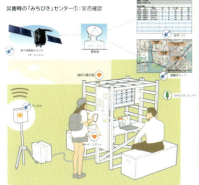
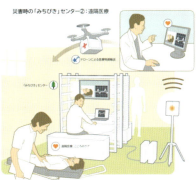

図4-24[2)]

4章　平時と災害時をつなぐ木造可変防災施設　147

照らすイス

　テラスに置いてある椅子とテーブルが、災害時に車椅子に変わるというアイディアです（図4-25）。災害時の暗闇の中からぱっと光がこぼれるように、困った人を救うことでしょう。

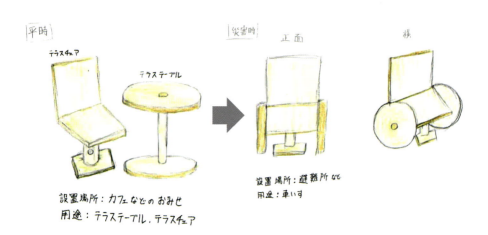

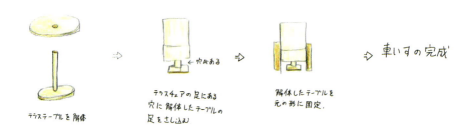

図4-25[2)]

まじきり教壇

　教室の教壇が、フレキシブルな間仕切りに早変わりするというアイディアです。

　平時には教室の教壇として使用しますが、災害時、学校の体育館が避難所として使われる際には間仕切りとして使用できます。1200×900×192mmサイズのユニットを3つ並べて教壇とします。

　1つのユニットは8枚のパネルで構成され、蝶番でつながっています。これを広げて間仕切りとして使用します（図4-26）。

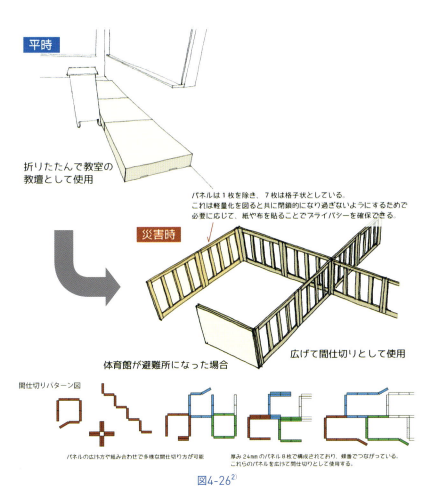

図4-26[2)]

4章　平時と災害時をつなぐ木造可変防災施設

参考文献・引用文献

1) 日本木材青壮年団体連合会 第63回全国会員東京大会資料
2) ウッドトランスフォームシステムコンペティション事務局提供

監修者・著者紹介

伊藤 滋（いとうしげる）

都市計画家。東京大学名誉教授。
1931年東京生まれ。東京大学大学院工学研究科建築学専攻博士課程修了。工学博士。東京大学教授、慶應義塾大学教授、早稲田大学特命教授、日本都市計画学会会長、建設省都市計画中央審議会会長、内閣官房都市再生戦略チーム座長などを歴任。
著書に『提言・都市創造』（晶文社）、『たたかう東京』、『かえよう東京』（共に鹿島出版会）、『すみたい東京』（近代建築社）ほか多数。

関口太一（せきぐちたいち）

（株）都市計画設計研究所・代表取締役。技術士（都市及び地方計画）。認定都市プランナー。都市や地区まちづくりの計画設計、文化資源の再生立案などの実務に携わる。東京都景観審議会計画部会委員などを歴任。杉並区都市計画審議会委員。自分が見た阪神と東日本の震災現認を、次の世代につなげていくことが大事と考えている。

小野道生（おのみちお）

（株）都市計画設計研究所取締役。技術士（建設部門）。
1967年東京生まれ。1993年横浜国立大学大学院工学研究科修士課程修了（都市計画研究室）。同年、（株）都市計画設計研究所入社。2018年より現職。近年は、主に東京都区部の街区レベル・地区レベルの再生計画などに従事。
著書に『実務者のための新・都市計画マニュアル』（分担執筆、日本都市計画学会編、丸善出版）。

東京安全研究所・
都市の安全と環境シリーズ9
仮設市街地整備論
避難生活に日常を取り戻す

2019年9月30日　初版第1刷発行

監修者	伊藤 滋
著者	関口太一・小野道生
デザイン	坂野公一＋節丸朝子（welle design）
発行者	須賀晃一
発行所	早稲田大学出版部
	〒169-0051 東京都新宿区西早稲田1-9-12
	TEL 03-3203-1551
	http://www.waseda-up.co.jp
印刷製本	シナノ印刷株式会社

ⓒShigeru Ito, Taichi Sekiguchi, Michio Ono 2019 Printed in Japan
ISBN978-4-657-19022-2

「都市の安全と環境シリーズ」ラインアップ

◉ 第1巻
東京新創造
――災害に強く環境にやさしい都市（尾島俊雄 編）

◉ 第2巻
臨海産業施設のリスク
――地震・津波・液状化・油の海上流出（濱田政則 著）

◉ 第3巻
超高層建築と地下街の安全
――人と街を守る最新技術（尾島俊雄 編）

◉ 第4巻
災害に強い建築物
――レジリエンス力で評価する（高口洋人 編）

◉ 第5巻
南海トラフ地震
――その防災と減災を考える（秋山充良・石橋寛樹 著）

◉ 第6巻
首都直下地震
――被害・損失とリスクマネジメント（福島淑彦 著）

◉ 第7巻
都市臨海地域の強靭化
――増大する自然災害への対応（濱田政則 編）

◉ 第8巻
密集市街地整備論
――現状とこれから（伊藤滋 監修　三舩康道 著）

◉ 第9巻
仮設市街地整備論
――避難生活に日常を取り戻す（伊藤滋 監修　関口太一・小野道生 著）

◉ 第10巻
木造防災都市
――火災に強い木造建築をつくる（長谷見雄二 著）

各巻定価＝本体1500円＋税

早稲田大学出版部